建筑与文化丛书

念楼骄

—— 蒋祖烜建筑随笔

湖南大学出版社

内 容 简 介

建筑艺术品，既是一种理性产品，同时又是艺术品，更关乎一种觉悟修养与灵魂的提升。维克多·雨果说过："在一幢建筑物上的两样东西：它的功用与它的美，其功用属于其主人，而它的美丽属于全世界……"

建筑对灵魂的抚摸与安慰，是复杂而别致的享受。本书汇集了作者多年来阅读建筑的感受和心得，以及一些关于建筑图书的读书笔记和建筑美术的评论，贯注着作者对建筑审美与文化的殷殷之情。全书由楼之趣、屋之品、城之韵、筑之理四部分构成。这样编次体现了作者对建筑文化和审美由情入理的独到领悟，有助于唤起读者对建筑与文化的兴趣与思考。

图书在版编目（CIP）数据

念楼骄——蒋祖烜建筑随笔 / 蒋祖烜 著.—长沙：湖南大学出版社，2011.4
ISBN 978-7-81113-887-0

Ⅰ.①念… Ⅱ.①蒋… Ⅲ.① 建筑-文化-文集
Ⅳ.①TU-8

中国版本图书馆CIP数据核字（2010）第178468号

念楼骄
———蒋祖烜建筑随笔

Nianloujiao
——Jiangzuxuan Jianzhu Suibi

著　　者：	蒋祖烜
责任编辑：	熊志庭　贾志萍
责任校对：	祝世英
出版发行：	湖南大学出版社

社　　址：湖南·长沙·岳麓山　　　　邮编：410082

电　　话：0731—88821691(发行部)，88821251(编辑室)，88821006(出版部)

传　　真：0731—88649312(发行部)，88822264(总编室)

电子邮箱：pressjzp@163.com

网　　址：http://press.hnu.cn

印　　装：湖南天闻新华印务有限公司

开　　本：710×1000　16开　　印张：15.5　　　　字数：209千

版　　次：2011年4月第1版　印次：2011年4月第1次印刷　印数：1~5000册

书　　号：ISBN 978-7-81113-887-0/TU·138

定　　价：48.00元

目 录

1 | 楼之趣

2 | 屋之品

3 | 城之韵

4 | 筑之理

序 一

　　我和祖烜只有一面之缘。去年麓山枫红的一个秋夜，在橘子洲改造建设指挥部那栋英式老楼会议室里，讨论橘洲的整体规划，漫长的说明论证会一直开到深夜，祖烜不仅听完，还与我作了交流。一个与建筑和规划毫不搭界的行政官员，对这个领域表现出的热情与耐心，让我感到意外。

　　最近，祖烜的好友力军先生送来这部建筑文化随笔书稿，再次让我感到意外。这部洋洋十数万言的集子，涉及建筑、规划、景观、园林等多个领域，不仅有一定的专业水准，更有许多独有的感受和独到的见解，读来轻松随意，给我启发和享受。

　　在中国追赶世界的步伐中，建筑业态的综合水准是最直接的指标。因为历史欠账，我们与发达国家有一些距离是无可厚非的。值得注意的是，我们缺乏一种理性的氛围，缺乏对先进建筑文化的科学阐释，缺乏民族的、大众的、科学的现代建筑理论体系。围绕建筑问题，讨论甚至交锋开始多起来，已经标明某种程度的觉悟，但不够系统、不够广泛、不够深入。有时责难多于建设，坐而言多于起而行。

　　因此，读到祖烜的专题随笔，我感到一种对谈知音的喜悦。如果我们的社会大众，特别是那些有权决策的甲方，也能读一点规划常识，懂一些建筑与景观，或许要少一些判断与决策上的遗憾，新城市与新农村的规划与建筑，或许更合符逻辑与规律。

我要向祖烜的新作面世表示祝贺。

俞孔坚

2009年5月6日于北京

序 二

  蒋祖烜先生新作《念楼骄——蒋祖烜建筑随笔》付梓，嘱我提点意见。认真拜读之后，意见谈不上，倒是很有一些感慨。蒋先生身为政府官员，并非建筑专业出身，且工作繁忙，尚有如此广博的建筑学知识和深厚的专业素养，真是难能可贵。大到古今中外各种建筑式样和风格流派，小到某一位建筑师和某一个建筑作品，蒋先生皆可发表自己独到的见解和评论。足可见他对建筑不只是一般的爱好和了解，而是有着相当程度的钻研。

  我曾设想，若是我们中国的政府官员中多一些像蒋先生这样的人，恐怕很多情况都会改观。众所周知，当前中国的建筑和城市建设中问题重重。一是关于城市发展中的建设性破坏与历史文化遗产的保护两者的关系长期处于一种困境，历史遗产的保护总是在艰难中前进，甚至陷入挣扎的境地。问题就出在地方政府官员中真正有文化保护意识的人太少，一些人口头上支持保护文化遗产，但当遇到开发建设与文化保护发生矛盾时却总是站在开发建设的一方，把保护放到了次要的位置。二是关于中国城市建设和建筑设计中存在的问题，失去历史文化，失去自身特色，城市建筑"千城一面"已是建筑学界公认的现实。造成这一情况的原因，一方面是规划和设计者的责任，但另一方面地方政府官员的不懂建筑而又要强力干预，也是造成这一现象的重要原因。

法国巴黎是世界公认的文化之都、艺术之都，据说有一条不成文的规定，历届巴黎市长都是由学建筑的人担任，所以巴黎能够保持着完整的城市风貌和高雅的文化品格。而我们中国的城市建设，到目前为止，成功的范例并不多。包括北京在内，几十年的城市建设过程，不断犯错误，直到现在仍然常出问题。

一个城市最宝贵的不是高楼大厦，而是它的历史文化和由此而形成的特色。社会经济在不断发展，高楼大厦雨后春笋般拔地而起，一座比一座高，一座比一座好，因为经济和技术总是在进步。从这个意义上说，任何一座高楼都不值得羡慕，因为只要有钱就可以建造。而历史文化，一座古城、一条古街、一处古建筑是花多少钱都买不到的。一座现代高楼可以用多少钱来衡量其价值，天安门则不能用多少钱来衡量，它无价，这就是历史的价值、文化的价值。

今天很多人有一个错误的认识，认为城市中保留着古建筑就象征着落后，只有新建筑才代表现代化。他们也许不知道巴黎、罗马、伦敦、柏林甚至整个欧洲，这些发达国家的几乎所有城市都保留着大片大片的古城、古建筑。有的甚至全城都是古建筑，想要在城市中找一座新建筑都比较困难。谁又能说欧洲国家落后了呢？我们不得不佩服人家对于文化的重视，对于历史的重视。而反过来我们这个有着悠久历史的国家，却往往在城市中看不到历史了。中国传统文化似乎隐藏着一个不好的基因——对于历史文化的破坏欲。我们历史悠久，却并不尊重历史；我们崇拜祖先，却不爱惜祖宗留下来的东西。中国历史上每一次改朝换代，几乎都是把前朝的东西毁掉重来。要么一把大火烧掉，要么废弃这个都城，换个地方重新建都，所以我们总是只能看到最近一个朝代的都城和皇宫。日本人曾经夸海口，要看唐朝的建筑只有去日本，中国没有了。于是梁思成先生发誓要找到中国保存下来的唐朝建筑，终于发现了五台山的佛光寺大殿和南禅寺大殿。但是要知道这两座仅存的唐代建筑也是在五台山那个偏僻角落里，才躲过了各种各样的破坏，在城市里和城市的周边确实是很难找到年代久远的建筑遗存了。同样又是日本人，最早研究中国建筑，写出了第一部《中国建筑史》，又是梁思成先生发誓要写出我们中国人自己的《中国建筑史》。这历史听起来有些悲壮，也不太为国人所熟知，但这并不为怪，毕竟是建筑学专业，而且是建筑史专业的事情，别人无所知也属正常。但是令人悲哀的是，很多人仍然对中国的古建筑漠不关心，在拆毁历史建筑的时候毫无惋惜之情。哪怕就在今天，就在北京，还在发生这样的事情。就在几个月前，北京的梁思成先生故居也险些被拆掉。已经被拆了一部分，幸得被及时制止，施工者不是不知，而是有意。从当年梁思成先生奋力保护北京城到今天，时过五十多年，北京仍然在不断发生着历史建筑的生死保卫战，全国各地就更是可想而知了，而且这些保卫战经常是以保护一方的失败而告终。

我认为一个民族不注意保护自己的历史文化，是因为缺少美感的原因，这一点可由我们全民教育水平不高，普遍素质较低来予以解释。由此想到当年蔡元培先生倾全力主张以美育提高国民，九十年过去了，此任务仍未完成。缺少美感，便不知建筑是一种艺术，是一种文化，便不以为古建筑庭院围合之亲情、雕梁画栋之美貌、泥塑彩画之工巧是一种艺术，一种美。今天人们更愿意看高楼大厦之庞大、金属材料之亮丽，以此作为欣赏。名为欣赏美，实则是在欣赏财富，而不是欣赏艺术。以财富为美，而不是以艺术为美，这确实是一种悲哀。

中国需要来一次建筑艺术的启蒙。西方自古有欣赏建筑艺术这一传统，自两千年前古希腊罗马时代，建筑就被当做美术的一门（美术包括绘画、雕塑、建筑）。而中国古代没有把建筑看做艺术，但却把它当做了政治，用来表示权势、地位和财富。中国古代是世界上唯一用人的社会等级来划分建筑等级的国家，什么级别的人享受什么级别的建筑，这就是建筑中的礼制，超越自己的等级企图享受更高等级的待遇就叫"僭越"。这种观念实际上今天仍在延续，一些地方政府大楼互相攀比，比豪华，比雄伟，镇政府想要超过县政府，区政府想要超过市政府，有的甚至模仿白宫，模仿天安门，通过建筑来表达自己对于权势地位的向往。这些现象何时得以消失，恐怕还是有待于素质的提高，待到人们把建筑当做一件艺术品，而并不代表权势地位的时候，也就不会无谓地去追求豪华壮丽了。

懂得欣赏建筑艺术，就会自觉地保护历史文化遗产；懂得欣赏建筑艺术，就不会一味只追求建筑的高大豪华；懂得欣赏建筑艺术，会使我们的城市建设得更有文化，更有特色，甚至可能改变我们这个民族的未来。蒋先生的书开了一个好的先例，一个非建筑学专业的政府官员自觉地对建筑艺术的追求，其示范作用在提高全民文化素质方面的意义甚至远大于对建筑艺术和城市建设本身的意义。

2010年8月写于岳麓山下

1

楼之趣

LOUZHIQU

念楼骄

　　直到离开它时，才真正注意它。它是一栋老楼，一位老友，我们的老家。

　　省委宣传部曾经在这栋老楼第三层办公，许多年在这里流逝、许多人在这里往来、许多事在这里定格。我有缘在老楼度过十几年光阴。第一次走进大楼时，不到而立之年；分别时，已接近知天命的门槛了。

　　起初对老楼的印象，一是气度不凡，沉着冷静，透出无声的威严；二是环境幽雅，环抱在绿森林之中，周围几乎看不到别的建筑。直接感受到老楼恩惠的是，楼内因空阔造成的小气候，冬暖夏凉。从炎热的外部世界回来，跨进一楼大堂，顿觉凉风扑面。其实，当时楼里的冷气未开，只是最热的几天，从防空洞输送来了天然冷气而已。

　　也曾经为它的陈旧失修而苦恼过，有一年大雨倾盆，雨水从天花板飞流直下，淋湿了我的书桌和资料，以后类似的节目经常重演，直到维修队来了一次彻底的检修。走廊里的灯泡瓦数较低，照明度不够，朦朦胧胧的，让人感到些深邃和神秘。我最美好的青春岁月，我的奋斗、苦乐、进退、荣辱，生命中的一万多个日子，有将近一半浓缩在这栋体量巨大的建筑里了。

　　从没有用心多看过它几眼。最初的陌生感消退之后，渐渐被一种漫不经心的麻木替代了。上楼、下楼、进楼、出楼，脚不点地，顺理成章。直到那一天，突然得到要暂时离开它的消息，陡然生发对这栋朝夕相处的老楼的情感。停下匆忙的脚步，环顾相伴多年的老友，才发现它不同凡俗的美。

这是一栋砖混结构的建筑，尽管只有四层高，但它的造型不是那些大同小异的"方盒子"可以比拟的。主体建筑一字展开，中央部分以方形攒尖屋顶突出，给沉稳平实的主体造成向上和提升的感觉。建筑立面干净利落，窗户之间的灰色面板凹凸错杂地安排着，造成特殊的韵律节奏。空间尺度宜人，宽大的窗户、宽阔的走廊、超拔的层高，采光、通风良好。使用功能齐全，六个会议室、四个进出通道，满足办公的需求，方便人员的组织和流通。建筑材料受到时代的局限，并没有使用如今流行的高档大理石、大块面镜面砖、珠光宝气的玻璃幕墙、闪闪发光的金属配件。水磨石的淡彩地面，勾画着湖湘气韵的装饰图案；纯铜的饰物拉手，磨洗出岁月的光亮；清水红砖砌体正直平稳、严丝合缝。精工细作反而营造出沉着与大气之美，简洁而绝不烦琐，质朴而绝不奢华，从容而绝不漂浮。在香樟林起伏的绿浪中，老楼像岛一样坚定、沉稳，大方中透出精致，朴素中闪耀着华彩。一定出自一位高手，我想。

请教单位的老同志，听到老楼的一些掌故。最光荣的，是当年毛泽东主席从附近的宾馆散步到大楼的前坪，与普通机关干部打招呼，合影留念。最传奇的，是泥水工刘师傅，反手砌砖，又好又快。最搞笑的，是当时含有的水磨石地面和暖气系统，被外人越传越神：地上打滚不沾灰，烧火取暖不见火。但对建筑师的说法各不相同，有的说是苏联专家，有的说是日本友人。于是，越发想问个究竟。

在长沙市近现代保护建筑的名单中，我发现了短短的一行文字："湖南省委一号办公楼，建成年代，1952年。"查阅《中国现代建筑史》，发现了老楼的名字，还找到了建筑师的名字——吴景祥。张傅先生的《我的建筑创作之路》一书给我指引了新的线索："上海陈垣、吴景祥一行来京，商讨人民大会堂的设计。"上海！于是集中查阅上海方面的资料，终于，在同济大学的一本论文集中，我找到了建筑师供职的单位——同济大学建筑系。

就这样，一步一个脚印向大师靠拢。我要设法拜访大师，请教悬在心中的许多疑问。我想象着我们见面的情景，他一定会关心我的楼，当然首先是他的楼。我准备了照片，我还预备了接受感激的感受，那毕竟是一次跨越半个世纪的回访呀！

追寻一路顺当，甚至奢望有机会当面请教。这时，杨永生先生赠送我他的新著《建筑百家书信》，其序言中写到："去年，给上海同济大学吴景祥教授去信索取1958年上海六教授关于北京人民大会堂设计致周恩来总理的信，久久未复。又托同济大学沙永杰同志去吴先生家里面谈此事。未料，他欲前往的前一天，吴先生竟病逝。那封非常重要的信件，至今未能收集到。"杨先生深深遗憾，这又何尝不是我的遗憾。

《建筑师》杂志终于给出了一个简要而完整的设计师简介：吴景祥，广东省中山县人。1905年生，1929年毕业于清华大学土木系，1933年毕业于法国巴黎建筑专门学院。1933—1949年，任中国海关总署总建筑师。1952年任上海同济大学教授。主要作品在北京、上海、湖南。1952年担任湖南省委大院的总建筑师，设计建造了湖南省委一号办公大楼、俱乐部（省委礼堂）、食堂、幼儿园、托儿所、干部住宅。同期杂志还刊发了老楼的老照片、整个建筑群的风貌。显然那是刚刚竣工时的情景，大院的树木还没有生长起来，地面也显得粗糙不平。那是新生的省级人民政权为数不多的新办公建筑。

今年六月，我出差路过上海，在好友同济大学吴国欣教授的陪同下，访问了吴景祥先生20世纪50年代为自己单位设计的教学北楼和南楼，两座楼至今仍是同济大学的主要教学楼，从那同样记录着岁月沧桑的大楼上，隐约可以发现与一号办公楼一脉相承的风格，可以体味建筑巨匠留下的嘱托。也许冥冥中有缘，在建筑与设计系的大楼面前，我同吴景祥先生的继任、现任建筑系主任莫天伟教授不期而遇，他听说吴景祥先生在湖南的作品而感到意外和欣喜，询问了一些情况，还热情赠送了许多介绍建筑系历史与学生成绩的资料。在先生的

同事和学生的回忆中，吴先生的形象和个性更加完善起来。

　　吴景祥先生学识渊博而又平易近人，治学严谨而眼界开阔。早在20世纪80年代，他就预见了我国高层建筑的发展趋势，确立了相关的课题和课程，并开始招收研究生，为中国高楼大厦的潮流提前做了理论和人才的准备。值得记述的是，他在北京和上海分别营造了两幢一模一样的小楼，他一直住在自己设计建造的小楼里，这种荣誉和地位在当代中国建筑师中几乎是一个特例。

　　经历了多少岁月的风雨雷电，目睹了多少人间的阴晴冷暖。该过去的都过去了，甚至就像不曾发生过一样。老楼依然屹立，沉稳得像一座青山。五十年不落后，六十年不过时。岂能用"过时""落后"来贬损老楼的价值？应该用"新潮""经典"来赞誉这栋历久而弥新的老楼！许多二十年甚至刚刚十年楼龄的新楼，因为设计的抄袭与营造的粗糙，已经明显落伍了，老楼却以毫不张扬的姿态显示着越是经久、越是高贵的气质与华彩。

　　老楼四层塔楼上有个不小的空间，那是部里的图书室、阅览室兼资料室，书报刊藏量不亚于一座市级图书馆，那曾是我们的家书。安静、亮堂的氛围，特别是难得一见的老书、旧刊，让我乐而忘返。后来单位搬家，全部家书转赠给了另一座图书馆。我手上还有一本没有及时归还的《世界史》，泛黄的封面和书页、淡蓝色的藏书印章、书脊上手工的分类编码标签，成为老家和家书永久的记忆。

写作此文的时候，我从我的江南转场到遥远的北国，客居京城的日子，陡然有了写《念楼骄》的情绪和文字。题目是我从词牌名"念奴娇"那里转借而来的，但感受却是真实深切的。在大师构造的空间里度过十余载寒暑，那是我一生的骄傲。当然，我也为寻找大师和理解大师而骄傲。

（2002年5月—2010年10月）

附记

2005年上半年，我便听到一号办公楼维修改造的信息，特意重抄旧文，寄给《湖南大学报》发表，并加了一段作者的话："听说我们这栋办公楼最近进行大规模装修改造，方案拟请湖南大学的专家做。我愿意提供这篇文章，作为背景资料。期望装扮它的'工程'和'工程师'小心一点，再小心一点。别伤着它的文脉，别把它变得面目全非。拜托了。"9月份，迫不及待的改造工程仓促进行，我终于被迫告别工作了14年的大楼。

冬日的光线

——毛泽东文学院素描

冬日，稀松的阳光轻抚着文学院的楼顶和山墙，从通透的巨大落地玻璃，从散落的各个天窗和天井，水银般泻落，造就奇妙的光影变化，给人洋洋的暖意。

从远处眺望，这是一座典雅的湖湘风格的民居群落。山墙勾勒出古朴与秀逸，淡蓝色调的墙面淡雅而清新。正面醒目的湖南地方门楼，东西两侧借鉴传统封火山墙意味，以吊脚楼形式点缀其间，立面造型散发出鲜明而强烈的传统气息与湘楚韵味，暗示着伟人与湖湘大地、人民与文学艺术之间的地缘与血脉。

从远处聆听，这里回荡着时代的声音。严谨的中轴对称，严格的空间序列，空旷的大厅紧连宽阔的走廊，使每一个脚步都踏出响亮的足音，更映衬出这里的开阔与深沉。

文学院主楼的大堂是宽广的，像一座室内广场。步入主厅，两层高的现代化玻璃天庭形成的共享空间给人豁然开朗的感觉，营造出庄严而神圣的效果。群雕《毛泽东和湘籍作家》矗立在大厅中轴靠近北部。那是延河边一幅意味深长的场面。在一派肃穆的气氛中，毛泽东与家乡的文曲星是如此融洽、亲和，仿佛暂且远离战争的烟云，回到了岳麓山下、湘水之滨。爽朗而亲切的笑声，穿透时空，栖落心野，久久回荡。

主厅的造型既考虑了空间审美，也关照了功能和适用性。往东是报告大厅，向西是室内展厅，登楼是图书资料室，继续前行则是文学院的中心庭院。

中心庭院呼应主楼与文苑宾馆，亭台轩榭，杂花生树，层层叠叠，丰富多变，与前厅的严谨形成对比，为宾馆的特殊客人们——作家、艺术家在苦思冥想或挥毫泼墨后寻得一份闲散与轻松。三座小型庭院连廊相接，碧草茵茵，绿荫虚掩，使书院特有的园林美闪烁在庄重周正的建筑之间，营造出"庭院深深深几许"的长词短曲的古典意境。

文学院的建筑细部都是精心之作。屋顶以山花框架与披檐营造出象征意蕴；门窗以菱形和花格错杂，带来视觉跳跃；柱廊把中西风格铸为一体，坚实而华美。随处可感的中国传统与严密科学的现代气息，使人领悟到这一建筑物的非凡气度与品格。文学院的策划与设计建设施工的各个环节、各个工种、各道工序都铸入了一种对伟人的崇敬与奉献。仅仅规划设计方案就改了十多稿。而材料多是优质。装饰以鲁班奖为目标，一丝不苟，精益求精。文学院落成于1997年12月26日——一个艳阳高照的冬日，明丽的光线投射在这片古朴而现代的建筑群落，反映出一派华美与恢弘。

冬日的阳光给人以和暖的体感与慈祥的联想。

（1998年12月）

都市的淑女 |

　　繁华喧闹的五一广场，自古可能就是都市的热点。走马楼工地平和堂的高楼梦还在基础阶段，深达数十米的基脚随着17万片吴简的出土，成为当年国内十大考古发现之一，沸沸扬扬，名播四海。平和堂商厦的开业也曾引起轰动，人群如潮，其盛况竟影响了五一广场的交通。它的管理与经营方式不间断地成为城市居民的话题。夸张点说，平和堂已成为古城令人眩惑的一个新的文化符号。

　　但作为建筑概念的平和堂却是通体透彻的"雅静"，不动声色，雅致地敬候你的光临。这或许是一种别出心裁的建筑策略。

　　从造型而言，平和堂线条平实、体量适中、简洁明快，体现了"少就是多"的现代派设计思想，营造出"大雅无言"的氛围。首先在整体上与周遭的纷繁拉开了距离，同时也拉开了档次。

　　当然，简明并非简单，平和堂立面扇形展开，横跨黄兴路、五一路两个方向。顶部设计成三角形，不同于简单偷懒的平顶，也不同于所谓传统的亭式屋顶。从左右两面看，都如一面迎风的长旗传递出飞扬的动感。从正面看，又像一艘扬帆的航船，尤其裙楼的大窗，远看恰如排排舷窗。主楼中轴的五个直角折叠，让平朴中增添了变化。裙楼的设计颇具匠心，宽大的横窗饰以白色石板材，装饰精致的金属环饰，其建筑细部隐隐约约显露一种精密与严谨。裙楼临街面以骑楼形态出现，别出心裁，雨檐借鉴了老广州商业街的优长，在比较拥挤的商业中心给惠顾者一种安抚和吸纳的表白。

　　平和堂色彩谐和，主体部分以浅绿玻璃幕墙和白色石板间隔，

→ 平和堂

淡雅、平和，给人沉着与宁静的印象。远远看去，平和堂的两个立面如两幅高悬的立轴中国画。每幅上部一处是方正的和平鸽标志，下部是鲜红的"平和堂"三个大字，色彩鲜浓，如恰到好处的两款印鉴，使人眼前一亮，使建筑立面为之鲜活起来。

值得一提的是紧扣走马楼文物的主题设计，出土现场大型石质碑铭，堂内配套的文物陈列，使建筑位置的历史价值陡增。十多年前，著名作家冯骥才为天津某新商场建筑范围内的一座古井设计了两全齐美的保留办法，竟被业主置之不理，那真是令人痛心疾首的文明的损毁。而在长沙，文物遗址却有另一番命运，这说明了规划、设计和投资三方不俗的品位与远见。

省建筑设计权威陈大卫先生也一语中的地道出了它的败笔。要害是因光照度过量而形成的热量无法散发，通风不畅，顾客不宜作优哉游哉的漫步或逗留，这对商家可是不能忽视的损失。另外大堂内扶梯一览无余，顶部因装修质量还造成顶板脱落，险些伤人，尽管未影响其荣获鲁班奖，但也不能不说是一种遗憾。

一般人都可能注意到平和堂的异常做派，即不如她的众多姊妹商厦，热衷于红装艳裹、满身披挂，覆盖之下几乎看不见其本来面目。她唯一的装扮就是从正中垂下的一条广告，简明而素净。

这仍然是平和堂一体的风格特征，大方、平实、内敛，不事张扬，不求铺张，一如都市中匆匆而过的如云佳丽中容易被忽视的一位，但那是秋水伊人，含蓄地显露着淑女的风范，是可以凝视的淡妆丽人。

（1999年4月）

都市的山岭 |

    从韶山路向南走，拔地而起的通程国际广场横亘在视野的前方，在如林的高楼中颇有引领群贤的味道。它的视觉高度是如此夸张，仅仅从顶部看，就有七个梯次，越高越小，最后收缩成一根方柱，银光闪闪，剑一般直刺蓝天。

    1992年2月，我陪送著名旅美华人画家陈逸飞先生下榻这里。陈先生对大堂正面墙壁黑色背景上的金色壁饰十分赞赏，连声说好。或许是画家本人超凡的审美意识，或许出于他独有的欣赏偏好。陈逸飞的多幅名作都是黑色背景前的艳色佳丽，强烈的对比营造出雕塑般的氛围。

    其实大堂的整体效果也是值得赞赏的。据说其面积堪称长沙各酒店翘首，但我个人动心的是其大堂的高度，及与其高度匹配的巨幅落地玻璃墙面，愈加夸张了其宽敞透亮。堂外喷泉与堂内音乐，使建筑变得生动而富

→ 通程国际大酒店

有活力。

通程内部另有两处大气而特别的设计：一处是可以任意组合的会议大厅，最大容量可接纳千人；一处是从餐厅通往上一层的楼梯，宽敞、明亮、典雅，据说适合于排场的婚宴。总统套间大则大矣，看不出多少特色。

当然，通程的建筑设计不是没有败笔。通行的"国际风格"模糊了地域的建筑特点。连我女儿都看出广场上的那尊雕塑与建筑的整体风格很不和谐。体量、位置不恰当姑且不论，浑身上下金光四射的舞女造型，实在艳俗得可以。

通程的绝对高度确实占了长沙城市建筑的头一把交椅，让古城的居民体会到星级宾馆的气派。为它冠名"山岭"，并不言过其实。山一般的体量与气势让人敬慕，也拉开了与我等平头百姓的距离。

（1999年5月）

永恒岳阳楼 ▋

20世纪60年代，毛主席走遍大江南北。据传，一次在原湖南省委第一书记张平化的陪同下北上洞庭。专列上，远远望见湖畔一幢高耸的古建筑，主席问："那栋将军盔顶的房子，是不是岳阳楼？"

那就是岳阳楼。千里平波、岸芷汀兰的湖畔，岳阳楼以它的高与奇，抓住了一代伟人的目光。千百年来，它就是以这样的姿态和神韵吸引着中国和世界的注意。

唐开元三年，张说来守岳阳，首次将这座名为"南楼"的城楼命名为"岳阳楼"，并带来一代诗风。从此文人骚客慕名而来，足

← 岳阳楼

之所踪，目之能及，溢于言表，诉诸笔端。《全唐诗》中，一口气收录了30多首李白、杜甫、韩愈、刘禹锡、元稹、白居易、李商隐等吟咏岳阳楼的诗篇。宋代滕子京重修岳阳楼，求来范仲淹一篇《岳阳楼记》，更使它成为中国传统文化的里程碑。纵观三湘大地，没有另一处胜景披戴过如许的珠光宝气。

岳阳楼因范仲淹而扬名，滕子京因《岳阳楼记》传世。庆历四年，滕子京贬谪巴陵、忍辱负重、勤政廉政，仅一年，他的名字成了千百年吟诵诗文不可回避的名字。可惜我们对这位千古文化功臣的事迹知之不多。

清代湖南道州才子何绍基书丹的窦垿联，因其高度概括与深重的拷问，成为后代引用得最为频繁的句子："一楼何奇？杜少陵五言绝唱，范希文两字关情，滕子京百废俱兴，吕纯阳三过必醉。诗耶、儒耶、吏耶、仙耶，前不见古人，使我怆然涕下。 诸君试看：洞庭湖南极潇湘，扬子江北通巫峡，巴陵山西来爽气，岳州城东道岩疆。渚者、流者、峙者、镇者，此中有真意，问谁领会得来。"

可惜，古代重文轻理，每每将岳阳楼的奇归结为抽象的文化价值，往往忽略了岳阳楼独立的可观、可览、可触、可摸的建筑科学和建筑审美价值，请看：

环境是如此恰当。一台挑出、三面环湖、一楼独立、万顷碧波、四季变幻，江湖横溢。"洞庭天下水，岳阳天下楼。"

形制是如此别致。明代画家王椎在《三才图绘》中记载："岳阳楼，其制在三层，四面突轩，状如十字，而各溜水。今制，架楼（即重楼）三檐，高四丈五尺。"三层、三檐、盔顶、纯木，整栋建筑全部用卯榫结构固定，没有一颗铁钉，体现了中国古代木结构建筑的典型特征。

空间是如此优美。隔而不隔，透光容景。四面湖廊，一步一重天。明诗人杜庠的《岳阳楼》云："茫茫雪浪带烟笑，天与西湖作画图。楼外十分风景好，一分山色九分湖。"

人们往往骄傲地认为，一座纸上的、诗文的、历史与民间流传中的岳阳楼，已经建成为非人工的纪念碑，是可以千秋万代的。其实，地上的立体的岳阳楼实实在在是弦歌不断，香火不绝。

从传说中三国东吴大将鲁肃训练水军的阅兵算起，岳阳楼维修、大修、重修，仅记录在案的就有50多次。每一次都整旧如旧，浴火而重生。

建筑史的一般观念中，习惯于以建筑材料来区分东方与西方，往往想当然认为木构建筑在恒久性上必然让位于石构建筑，可以举出金字塔、帕台农神庙、古罗马斗兽场的例子。这其实是一重大误区。我国台湾建筑家汉宝德曾经精辟地论述过中国建筑的特质："中国人反映在建筑上的并不是对时间有抗拒性的材料，而是生物性地不断推陈出新，配合了生命中不可避免的起伏与激荡。同时建筑是生命的一部分，不必以有限的材料去抗拒无尽的时间，而是随着生生不息的人类的生命，一再以新面目出现。"

对于历朝历代重修岳阳楼的后人都要重温历史，又要推陈出新。因为常变而赢得永恒。

岳阳楼作为一个重要的案例，它的历史证明了一个真理：中国木构建筑才拥有物质又超越物质的永恒。

（2006年6月）

桃花仑的绿洋房

　　至少到20世纪50年代，桃花仑还是一个童话世界。普山普岭茶子树和楠竹的葱茏青郁中，灼灼桃花火一样绽放。颇有异国情调的绿洋房建筑群便散落在这依山傍水的环境中。

　　20世纪70年代，我从中学时代起就流连在这里的山岭和楼宇之间。印象中，大大小小的洋房子散布开来，有十数幢之多。最鲜明打眼的特征就是绿色的琉璃瓦屋顶，在阳光的照耀下，放射出翡翠般的光芒；在月光的笼罩下，又泛出一层轻微的水色。冬夏春秋，平明黄昏，端坐教室的少年，多思的心随目光停留在大幅面的绿色色块上，生出无限的遐想。

　　除此之外，我还第一次见识了拱券、百叶窗、地下室等洋玩意儿，也从老师的教诲中知道这是帝国主义殖民文化的标志。就在这种中洋错杂的建筑之中，我度过了那些阳光灿烂的日子。

　　20多年后，我才有机会以建筑的方式来领略这别样的建筑群落。可惜，因为城市的改造，退缩在新楼丛林之间和之后的老洋楼，有的已灰飞烟灭，有的已日现颓象。从桃花仑走过路过，早已不是旧时模样，绝佳的韵致已被永远地错过了。

　　今天再来作一番冷静的观察和科学的探析，会发现这些历经百年风雨沧桑的老洋房含蓄的魅力。信义大学的教学楼建于1921年，两位数学教师出身的业余设计师担纲了整个建筑的规划与设计。从形制而言，北欧的风格凸现得如此鲜明，洋楼的造型没有特别之处，直棱直角，线条质朴，几乎没有什么装饰，只是几何图形的建筑元素运用得淋漓尽致，三角、圆、半圆、长方、正方、菱形等暗喻着一种严谨的科学精神。最惹人注目的是高大的麻石阶梯与半圆形拱券结合的构图，组合成强烈的视觉中心，冲击着我们早已习惯的内敛和平直的泥木结构的南方民居。陡峭的歇山屋顶在北欧是为了便于积雪的滑落，在多雨的江南却有另类的装饰效果，因为同时代江南的屋顶要平缓得多。屋顶铺盖绿色琉璃筒瓦、四角微微上翘。尽管变化不多，但方正、简练、沉稳、高大的建筑体量，造成了一种严谨有序的和向上的氛围。

绿洋房多为砖木结构，建筑结构严谨，多是就地取材，如花岗岩、青水砖，历经百年依然坚固耐用。只是教工宿舍悬挂了省级文物保护单位的牌子，教学楼则成了益阳市一中的校图书馆。内部空间充分考虑了建筑的特殊功用，层高要比当代的同类建筑高出许多。三层的信义大学教学楼几乎与街对面六层的邮电大楼比肩。走廊宽大，共享空间充裕，细致准确地考虑了教学特殊的功用和对象。

20世纪初，在中国的一些著名大都市，以教会大学为前卫，耸立了一批新式的建筑群落，如北京的燕京大学和辅仁大学、南京的金陵

← 益阳一中的绿洋房

大学和金陵女子大学，成都的华西协和大学，广州的岭南大学和长沙的湘雅医学院都成为学校所在城市和地区的景观。从建筑技术的角度考察，因西方传教士采用先进的工程技术和新型的建筑材料，创造了中西合璧的建筑新样式，也拉开了中国传统古典建筑复兴的序幕。从文化的角度分析，是两种异质文化在建筑领域的交流和碰撞，不能忽略的是，这种交流是被动与失衡的。

20世纪之初，在相对偏僻的益阳小城，凸显一片以绿色屋顶为主要特征的洋房群落，在当地是一件多么重大的文化事件。挪威信义会的宏大构想竟然得以完成：信义小学、信义中学、信义大学、信义医院、信义教堂、育婴堂和瞽目院，每个单位都有独立的区域和专用的教学楼、病房以及配套的附属建筑。我的中学语文老师就曾住在当年校长一家专用的洋楼里。老师仅是占了其中一个单间，就显得颇为宽大。据《益阳地区志》记载："信义中学亦有可观的校舍，能容纳11 000学生住宿和学习。""1906年，挪威籍医生倪尔生（Nilson）夫妇来益阳创办信义医院，西医西药开始进入区境。初时门诊量仅20人左右，年住院量不及200人次。1915年，年门诊量增至9 000人次，住院量770人次。医院建筑面积增至1 000平方米。"

试想当年土气未脱的学子迈入这样的场所，面对迥异于乡土建筑的洋派，曾是何等的震惊与刺激，滋生出多少联想与遐思。周扬、周立波、钱歌川、林凡、莫应丰等文化名人就同出自这所学校。最近重新浮出水面的著名外交家何凤山先生，曾因1938—1940年任中国驻奥地利维也纳总领事，通过外交手段救助犹太人而震惊犹太世界，获得"国际正义人士奖"，他的母校也是信义学校。在这里，他们第一次近距离瞭望世界，后来又远距离走向世界。

（2002年10月）

悉尼湾的风帆
——悉尼歌剧院印象

　　不是我想象中的悉尼。城市，不是我想象的那样现代与繁荣，身为澳洲、澳国、南半球最大的都市，其硬件、规模和现代化的步伐都不尽如人意；地形、地貌和物种，不是我想象的那样丰富与多样，苛刻一点还有些平淡，略微起伏的草原与山丘，清一色的桉树，少得可怜的几种动物，家养的牛羊，野生的袋鼠、考拉、鸭嘴兽；更没有我想象中的异域风情，土著文化被排挤到难以察觉的地步，多元的民族文化依然被超强的英美遗风笼罩。

　　唯独悉尼歌剧院，是这种平淡中的一抹亮色。从昨天到今天，从白天到晚上，从此岸到彼岸，或亲密接触，近距离观察，或专赴

↓ 悉尼歌剧院

皇家植物园麦哲伦角选择全景拍摄的最佳角度，一天多的时间，无数次眺望过它的神姿了。每一个角度，每一个时刻，每一种距离都有不可重复的动人之处。

十瓣迎风展开的白色风帆，在碧波之上，像即将启程的航船，充满灵动的美感。与周围的铁桥、悉尼塔和众多的现代建筑相比，尤为出挑，美得炫目。如果没有了这座伟大的建筑物，悉尼还有什么让世人知晓的城标？悉尼还有多少吸引观光客的资源？

花50澳元买了一张音乐会门票，终于深入到它的内部。那是力学的理性、音响的逻辑与建筑美学有机、高度的和谐。

从内部的建筑结构看，外形与内观和适用彼此照应。比如外壳的尖顶正好是音乐大厅的穹顶。座位的安排，充分利用主厅两侧的余地，使之容量更大，并多出若干视觉、听觉效果俱佳的贵宾席位。大厅外环形的宽大走廊足以并行10位观众，厅内的宽走廊也毫不局促，2 700多名观众进场、疏散都极为便利迅捷，还避免了门与场外的直接连通，减少许多外在的干扰。

声响当然是音乐厅的最高追求。即便是坐在第45排，乐队与歌唱演员的任何细节上的细微变化，都能完整领略体味。

建筑美学的情趣则是收敛而含蓄的。比如色彩，以淡雅、沉着、统一为主，下半部为棕红色的平稳沉着，上半部为米黄色的轻盈扩张；材料大部分为木质，给人贴近亲和之感，偶尔用到金属，比如铜栏杆、扶手，均用磨砂哑光处理，绝不人为造出更多亮点而分散注意。而消音柱头同时就是装饰与适用一体的射灯柱头。只有舞台上方的椭圆环球形水晶吊灯，珠光宝气，照耀出梦幻般的金色舞台。

1957年，丹麦建筑师伍重的应征方案从全世界的100多种方案中被选中，此后花了7年时间才完成基础、框架与外壳的装饰。当年雄心勃勃的悉尼市政府入不敷出，难以承受后期的巨大投资，四次同设计师商谈削减修改方案，最后建筑师坚持自己的原则，谈判破裂。辞别时，建筑师不承认这是他的作品，责怪悉尼政府不守信用，并发誓

永远不回到澳大利亚。悉尼歌剧院成了一拉半截子工程。

其实，悉尼政府是个不错的甲方。从众多方案中选出这个方案，便证明其不俗的眼力和水准。协助完成了大半工程，再证明其魄力与能力。更值得赞赏的是，碰到建筑师撂挑子，也没有半途而废，任其变为一座烂尾楼，而是召集国内的建筑高手，重新启动内部设计装修。确保四个演出大厅的质量与效果，其他部位能省则省，过道走廊等处，历历可见原形毕露的水泥模面。悉尼歌剧院在1974年终于完工并向社会开放，造成一种精致与粗糙、烦琐与简单的特殊对比，久而久之，观众都没有觉出什么不妥。一个惊动世界、荣耀世纪的建筑就这样问世了。

（2004年12月）

庭院深深深几许

——同杨慎初教授关于岳麓书院的对话

蒋祖烜： 杨教授，您好，岳麓书院作为一座著名的文化建筑，在中国建筑文化的历史上占据着怎样的地位？在书院文化的强势影响下，其建筑文化的光泽与魅力是否有意无意被遮盖？

杨慎初： 我国古代书院都有共同的规制：讲学、藏书、祭祀三大功能。从历史来看，岳麓书院最早形成了这样完整的一个规制。书院讲学就不用说了，这是它的基本内容，藏书、祭祀也是它非常重要的组成部分。所以岳麓书院的建筑一直秉承书院的文化特点，符合讲学、藏书、祭祀三大功能。

岳麓书院刚开始由和尚办学，到北宋开宝九年也就是公元976年潭州太守朱洞接管来办书院时就已粗具规模。那时在岳麓山抱黄洞下，开设了讲堂5间、斋序52间。过去讲房子、讲古建筑规模都是以"间"为单位，为一个开间，建筑面积不像我们现在讲平方，而是以多少开间为面积，几开间，几开间来讲。书院早期讲学，住宅规模加在一起为五开间，一直到现在为止还是五开间的房子，斋序52间是指两边的斋舍52间。

岳麓书院始建于北宋初年，距今一千多年，它一直是我国后来书院普遍的规制和样板。

→ 岳麓书院一角

从元代起，人们提到南方的书院是岳麓书院和白鹿洞书院，其实江西庐山的白鹿洞书院当时规模较小；提到北方的书院就是嵩山书院和睢阳书院，睢阳书院在河南商丘，那个书院办得太早了，被遗弃了，当时它们是南北书院的样板。元人概括岳麓书院的布局为："前礼殿、旁四斋，左诸贤祠，右百泉轩，后讲堂，堂之后阁早日尊经……"反映了它运用传统院落布局形式，适应书院的功能要求，如今遗构仍然显现出继承关系。在明代供祀部分得到发展，按具文庙的规制在书院侧扩建并列一院。二者形成了强烈对比，但又巧妙地联系在一起，既保持了书院中轴的突出群体，又不致使文庙喧宾夺主，表现出文庙"圣域"的独立特殊地位，构成了建筑空间的有机结合。这是新旧关系处理上的一种成功手法。清代在书院后侧扩建专祠，既照顾到师承地位的安排秩序，又构成小院落的庭院层次，紧凑纵深的院落布局是南方传统建筑的特色。书院利用了山麓地形，逐级抬高，高低错落，更突出主体，衬托出麓山秀丽的景色，也使书院显示出庄重、幽静的气氛。古人称赞："为爱其山川之胜，栋宇之安，徘徊不忍去，以为会友讲习，诚莫此地宜也。"爱晚亭还被公认为中国古代亭台中的经典建筑，位列四大名亭之中，足见其评价之高、影响之大。

但是岳麓书院在千年历史中久负盛名却不是因为其建筑方面的艺术成就。书院，是古代一种非常特殊的教学场所，是与当时官学共存的私学，许多古代著名的学者都借助于书院广纳门徒，旷日讲习，传授学派的主张，像二程、朱熹、张栻、王阳明都创办书院，传播学术主张。而岳麓书院创办后，首先是以其办学和传播文化而闻名于世。在南宋时张栻主教，朱熹两度讲学，书院盛极一时，"湖湘学派"就是从那时发展而来的。明世宗御赐"敬一箴"，康熙皇帝和乾隆皇帝分别御赐"学达性天"和"道南正脉"，都说明书院在传播学术方面的深厚影响力。而书院建筑的设计、规划都是为了办学这个主题的，像主体建筑中的头门、二门、讲学、半学斋、教学斋、百泉轩、御书楼、文庙，都直接体现了书院的三大功能；而赫曦台、爱晚亭、自卑亭、吹香亭等景观，又营造了一种学人氛围；书院保存的大量碑匾如"程子四箴碑""忠孝廉节碑""整齐严肃碑"等都强调着学院风格，渗透出浓郁的书院文化。中国古代四大书院几经历史变迁，其他三家都已不再办学，甚至有的遗址尽失，唯独岳麓书院作为著名学府一直没有间断，在这里书院文化得以继承和光大。而岳麓书院作为极有魅力的文化建筑和文化载体也应该得到更多的重视，更多的挖掘，继承和光大岳麓书院的建筑文化是千年书院留给今天的新课题。

　　蒋：岳麓书院早在宋代就已经奠定了其基本的格局与风貌，但现有的建筑多为明、清建筑，其江南风格在书院有哪些体现？建筑群落美从哪些方面去领略？我们该怎样把握岳麓书院的建筑文化思想？

　　杨：从岳麓书院建筑上的样式来看，从创建到后来是有发展的，特别是祭祀方面的内容越来越多，最早岳麓书院只祭祀孔子，接着祭祀学派的代表人物、开创人物及山长，以至其他地方的著名人物或书院的著名学生，这都是后来拓展的。我曾经归纳了书院建筑文化的基本思想和特点：

　　第一，天人合一。书院特别讲究环境，要与环境协调，所以我国著名书院多半都在名山圣地，湖南岳麓书院如此，江西白鹿洞书院、

→ 桐荫别径

河南嵩阳书院及福建武夷山书院等都是在风景好的地方。

蒋：现在讲起来就是注重环境美。

杨：对。它把教育与环境统一，所以它的最高境界就是天人合一的境界，毋庸置疑的统一。书院不仅选择环境而且建设环境、利用环境，不仅注意自然景观还注意人文景观，所以这些书院都比较讲究保护这个文化体。比如这个麓山寺碑，在书院里保护至今就是不简单的，因为书院与宗教是有矛盾的，它选择这些名山圣地首先是与宗教争夺阵地，很多文人感觉名山圣地都被佛教、道教占领非常不舒服，非常恼火这件事情，为什么我们儒家就不能占领呢？它首先有个争夺，当然也有个应和，书院与宗教的一些做法、一些教育方法也有类似之处，所以它们是既争夺又应和，这是中国文化的特点，以儒家为主，佛、道为辅，所以麓山寺碑能够在这里有一席之地。麓山寺碑对这个书院原本是不感兴趣的，因为这块碑落在这里就是讲这个地方原来是宗教的麓山寺的，这都是由于书院的保护，反复修亭子才把它保存至今，还列入了书院八景之一。这都说明了书院建设中的文化思想。

所谓书院它有一个特点是课余之时老师就带学生在外面游览、交流，所以把环境当做第二课堂，这是当时官学办不到的。官学学生平时见到老师都不打招呼，学生和老师没有什么感情，而书院就不一样，师生朝夕相处，言传身教，因此天人合一是岳麓书院一个突出的特点。

第二，礼乐相成。这也是中国传统建筑的一个特点，礼是讲中国是"礼"制思想统治的国家，讲究内外有别、非礼勿动、非礼勿言，理学家更加对礼仪加以强化。"礼"其实就是讲序，"乐"就是讲和，既要有序，又要和谐统一，书院房子安排都是井然有序的。以讲堂为中心，两边是斋舍，进一步是藏书楼，后面是祠庙，祠庙都是有秩序的。总体布局遵循"左庙右学"的规则，严格遵循儒家上下尊卑的礼序。按传统礼仪方位西为上东为下，北为上南为下的次序排列。书院坐西朝东，自西至东很讲究序，几个部分很统一。

在"乐"的方面，中国的院落本身就体现了"和"。像北方的四

合院，大家都很留恋，有一种生活的情趣，那种气氛和现在住宅一排排一栋栋各不相干，天天见面互不交流，是不一样的。

我们南方和北方的建筑是有区别的，北方讲究四合院大院子，南方讲究天井，这是因为气候关系，北方冷要争取阳光，南方热就要背光，尽量少晒太阳。但是"和"的意思南北一样，每个院落很独立，而院落与院落之间又很有秩序，这是中国建筑的特色。我们现在的房子讲究空间，实际上中国古代也是很讲究空间的，有虚有实、虚虚实实，传统建筑都有这个特点，但是书院建筑和其他建筑又有所区别。

我把中国传统建筑分为三大类，第一类为官府建筑，就是讲宫殿，还包括文庙一类，比较突出礼，礼重于乐，突出权威，所以我们到故宫看到它的形式压倒一切，故宫里并不好生活，有压抑感，所以历代有许多皇帝更喜欢到颐和园和承德山庄去生活。第二类是民间建筑，和官邸不一样，少数民族则更加百花齐放，这里更突出的是"乐"，总的来说它没有"礼"的概念，更加灵活。还有就是书院，它既要有礼，又要达到乐的要求。

第三，善美同义。善美同义，强调的是善作基本，在这个基础上来体现美。这个尤其在理学家讲本中有体现，所以书院建筑比较朴实，

← 吹香亭

它不是画栋雕梁，它讲究亲和实用，雅俗共存。拿国画来说，宫廷犹如工笔画，五彩缤纷，金碧辉煌；民居则相当于年画，生活气息很浓，乡土气息很浓；而书院则相当于文人的水墨画、写意画。所以我把书院建设归结为文人建设，既不同于官府，又不同于民间，与民间的祠堂、会馆、寺庙不同，虽然也是这样的院落，但天井布置、气氛完全不同。

蒋：它有一种文人趣味。

杨：对！有文人的精粹！

第四，情景交融。书院为什么那么重视祭祀，由专人管理呢？它是这种教育方式，使你到这个地方，看到这个人就要学习他、纪念他读书的精神，因此特别讲究祭祀。但是它和宗教祭祀是不一样的，宗教把祭祀对象当做了神，书院则强调学习这个人。

蒋：用环境来改造人。

杨：是的，通过营造气氛来继承传统，大部分书院都受理学影响，而理学代表人物特别是王夫之，他的匾额、对联都出自亲笔，还特别注重碑刻的保存。我们走进讲堂，看见"忠""孝""廉""节"几个大字，它实际上能给人潜移默化的影响。一般讲堂都让人肃然起敬，造成这么一种气氛，它在建筑上装饰很少，就是通过这种气氛感染人、影响人，达到了典雅的效果，这是文人建筑中特别突出的特点。同时中国传统建筑的特点也综合在其中了。

从建筑群的角度来看，书院建设亦是颇具匠心。中国古建筑中一栋房子算一进，前面这个门原来是没有的，只有旁门，从两边进，因为不便管理，修复时才修了一个门。过去的房子包括文庙都有这个特点，从两边进，中间是一个照壁，照壁是挡邪气的，原来前面是一个赫曦台，进去后是一间大堂，一间小堂，一共有五进，所有的房子都规划有序，依山而建，逐步抬高，这便于通风、采光、排水。两边是斋舍，一般老百姓的大房子叫正屋，小的叫厢房，东西厢；民居里大屋叫堂屋，一条条的，房子是几进几横；书院一般斋舍在讲堂两边。如果有机会去云山书院、东山书院看看还是这个格局，讲堂在书院中间，学生住的斋舍形成庭院。小庭院给学生单独的空间，便于他们自学。书院是自学为主的，相对来说应有个安静的环境，这也是一个普遍的特点。岳麓书院的房子多数不高，但是它后面却有一栋两层的藏书楼，它算是书院最高的房子，是书院里比较安静的地方。

蒋：岳麓书院新旧建筑各占多大比例？

杨：书院中轴线，也就是从大门、赫曦台到讲堂都是老的，两边的斋舍抗日战争中被日军炸掉了，抗战后修复了一半，对面这个半学斋，这一次又重建了一部分。这一次是从1982年开始修复扩建的，重建了教学斋、百泉轩、藏书楼等，书院总建筑面积七千多平方米，扩建用了12年时间，一直到1994年。

蒋：您是哪年第一次见到的？书院看上去不像是新修复的而像是古代建筑，历史感很强，修复和扩建中是怎么实现整旧如旧的追求的？在书院修复和发展中您起了哪些作用？

杨：我在20世纪40年代第一次看见书院，那时书院是湖大办公楼。抗战胜利前，书院做过医院，解放后还是办公室，湖大校长还在里面办公，一直到调整院系，师范学院的办公室仍然在里面，师范迁出之后，又被公园占了一部分。1958年，河南大学有个教授叫王啸苏，教中文的，他是岳麓书院的学生，对书院很有感情，他在写一本书《岳麓书院，千年学院》，准备在1967年出版，他就特别带我来岳麓书院过了一个假期，所以那时我对书院留下了更深刻的印象。后来"文化大革命"

↓ 古老的麻石地砖

→ 古老的牌坊

一搞，这些东西就搞不下来了，他的书也没有出来，很是惋惜。1975年，岳麓公园要修复书院，请我搞设计，没有说是公园的事，怕我不干，当时给了我一张图纸，局部的，要把书院改成琉璃瓦，红墙建筑，我想如果搞成那样就不伦不类了。现在很多地方用琉璃瓦、红柱子装饰房子，我认为那样不是书院的风格。我们把墙上的油漆刮掉看最底层是什么颜色，底层是黑色的。赫曦台上的"福""寿"二字，修复时是黑色，我们把黑色一刮，里面是黄色的。分析用黄色合理，因为从记载上讲有个传说，有个道人在这里睡了一晚，第二天走了留下这两个字，可谓仙迹；第二种说法是一位皇帝留下的，应该是黄色，这与他的权力吻合，因此我们把它恢复成黄颜色。我们还从赫曦台墙面发现了戏班子写的词，证明它上面确实演过戏。屋脊上装饰的那些漆瓦，有些损坏了，我们把它拆下来，搬到铜官瓷厂照样做，他们做好样子，我们看过同意了他们才烧。我们力争保持它原来的面貌，不需要换的尽量不换，非换不可的才去换。屋顶盖小瓦片也有些毛病——漏雨，我们在屋顶上加工后再盖小瓦，没有改变外观，新盖的房子实际是水泥结构，水泥顶上盖小瓦，采用现代技术和现代材料，保留了它的旧貌。当时对书院修复是用木材还是用水泥是有争论的，考虑到这个地方比较潮湿，假如用木结构，时间长了会腐朽，为这件事，我们几个去国家文物局作了专门汇报。现在书院每年都要维护，坏了的东西取下来补好或做一个一模一样的安上去。早两天又有两根木头坏了，把它取下来后修好又重新装上去，基本上还是原汁原味。

　　蒋：当时是否成立了专门的修复班子，有没有总工程师、总设计师？

杨： 当时成立了一个名义上的修复委员会，原来说是省、市、学校几方面都参与，但委员会没有组织起来，不过图纸上还是打了委员会的招牌。实际上从施工到设计主要是我来抓的，我组织两个施工人员在书院进行工程管理，另外组织了建筑系的老师进行设计。那时花的钱不多，如果是现在就不同了。这件事在建筑史学界还引起了关注。过去国家对书院是没有专门研究的，从来没有介绍书院建筑方面的东西，现在岳麓书院作为研究书院建筑方面的一个依据，有了一个脉络。

在书院1982年开始修复前，我花了一个月时间待在省图书馆，把历史资料彻底查了一遍，之后我写了一篇题为《岳麓书院——千年学府，千年之计》的文章寄到省委去了，书院的历史、修复情况和使用等情况都写了，主要论证它是千年学府，它一定要和湖南大学联系起来，才能体现价值，而且应继续发挥历史文化作用。当时省领导作了批示，其实当时书院已归岳麓公园，主要是要推翻这个，最后省委开了一个办公会议，才有了如今这个局面，由湖南大学来管理书院。书院与湖南大学的关系也很有意思，以前它一直是当做湖大的办公室用，这次回归湖大后，有位校领导提出建筑修复方案中要有办公室设计，占用一些房子。岳麓书院要保护，从公园管理规划到大学管理就是要保护它，发扬它，不能又变成办公室。当时，这位校领导的话就让我顶回去了，他也就不再提了。

蒋： 岳麓书院的最后一次修复已进展到什么阶段，目前有哪些新的设想与动作？

杨： 岳麓书院的最后一次修复是从1982年到1994年，但是书院修复扩建工作如今并没有结果，还有一部分需要改造和复原。书院后来有几张地图，一种是抽象的，只有大概的几栋房子在一起，还有一张是清朝同治年间扩建时书院这一部分的，文庙没有画进去，这张图还比较清晰。

蒋： 我们修复主要依据这张图吗？

杨：没有完全按它的，基本上还是考证更前的东西，因为清朝后期书院有了变化，学堂有改造，我们的一个原则是依据现存的建筑情况，再加上历史较突出的记载情况，综合起来考虑。比如后边的园林从宋代就有，一直到清代中期还有，清代后期就废掉了，但是从宋代到清代这是很重要的时期，体现书院的真正特色，所以这次扩建中应考虑到。

半学斋经过学堂改造，后来抗日时被炸之后又复原，复原当然不是原来的完全面貌。陈列室那一部分是抗战以后修复保存下来的，以前是小间小间的宿舍，也就是斋舍，如完全按以前的修复就不好用了。

在书院后面我们看到中间有一个祠堂，历史上都在这里，只是清朝时改成了文昌阁，祭文昌帝君的，祭文昌帝君是清代追求科举考制的标志。凡是考上科举的就列名在那里，平常是拜祭塑像、菩萨像，烧香求拜求功名，这种东西原来书院没有，不能代表书院的真正形象。书院开始是反对科举考试的，认为单纯追求科举没有用，它讲究培养人才，后来在官府控制之下才促进学生追求科举。

根据书院管理要求，到1994年除自卑亭外，31项修复完工。1999年自卑亭也修好了，第一、二期工程全部完成。第三期工程中杉庵已经兴建了，中国书院博物馆、后山门、竹泉精舍以及后面的一个民居都要新修和改造，还要建一个防护工程，主体建筑是四项，包括博物

→ 岳麓书院疑兰亭

馆、杉庵、牌楼、精舍，建筑面积4 000平方米，按省计委批复的文件要求在2000年5月完工，因手续比较多，还没有完成。

蒋：我们局外人常朦胧感觉到湖大与书院相得益彰，书院着落在湖大可以得到一脉相承的人文关怀，同时兼得得天独厚的专业关怀。湖大究竟为书院建筑作过哪些具体的贡献？

杨：岳麓书院产权属于国家文物局，它是委托湖南大学来代管的，目前湖南大学正在争取岳麓书院的产权。

在全国文物管理方面，我们这里是国家文物局管理得最好的一个。国家文物局的局长、副局长多次率领专家组来书院进行考察，他们对这里的管理是相当满意的，无论是修补、保护以及整理，评价都比较高。1988年书院被列为国家重点文物，1989年被评为优秀设计一等奖，还被建设部评了三等奖。这是因为湖大有管理优势，有高级专门人才，副高以上职称占很大一部分，研究人员13人，11人是副教授职称，这个比例全国任何一个文物单位都没有。

蒋：是啊！到今天湖南大学起了正面积极的作用，以后会更好地利用书院为湖大增辉添彩，而不是去占用几间房子。岳麓书院给湖大带来的不仅是几间房子的效益，也不是门票收入，而给整个湖大的品位、湖大的历史感是花多少钱也买不来的，如果提高到这种观念上来，湖大应更加重视书院。你看全国任何一所大学都没有这么一座书院，没有这么悠久的历史，这是湖大足以骄傲的东西。杨教授，我们是否可以把这个问题再放大一些来讨论，时值世纪之交，书院以地理和历史的高度俯瞰着古城长沙改天换地的营造热潮，书院能否给今天的建筑规划、设计和当代建筑师以某些启迪？

杨：随着社会的进步，经济的增长，城市发展、扩张成为必然。现代都市大多向高空、向郊区扩张，这是过去的思路。我认为城市存在着历史的脉络，尤其像长沙这样的古城，把握住历史文化的脉络，才能显现我们这座城市的魅力。长沙有马王堆汉墓，有天心阁古城墙，有麓山文化风景区，还有新近出土的竹简，在城市建设的整体构建中怎样强调这些文化特色又融合环境特色，的确是我们应该思考的。我写过一篇文章《岳麓书院与岳麓山》，也说到了这个问题。文化与风景有着不可分割的联系，人们总要赋予自然以文化内容和特色，给人以精神影响作用，使之流传久远。

岳麓书院在近千年的建设中，对麓山风景环境产生了深刻的影响，使麓山风景表现出深厚的文化特色，我们从中可以明白书院建设中继承传统、保存古迹、古今相融、流派结合，从总体出发因地制宜、文景结合等这样一些建筑文化的精髓是应该在今天城市建设中继承和发扬的。比方说，挖掘麓山的旅游价值是时代的需要，但仅仅着眼旅游，追求游乐效益，势必损害麓山的文化特色，近年麓山建成的两栋高层旅馆，有人称之为"两只老虎"。曾经有过在半山兴建旅游宾馆和修建跨江大桥直通麓山的提议，这是很荒唐的，是对自然环境和人文环境的破坏。我不是反对盖高楼，但首先要保护文化，体现文化特色。麓山建设如果体现悠久的历史文化和现代文化内容，就将更有吸引力。把长沙建成第二个香港，东方的芝加哥，高楼林立，这其实是一个误导，并不能说这就是现代化。

我认为，营造有湖湘文化特色的城市景观，应该是今天建设规划的方向。优秀的建筑设计师和城市规划者更应该在古今文化交融中去寻找设计空间，刻画城市特色，这些问题应该得到各方面的关心和重视，还要更深入地去研究，更有眼光更、有魄力地去规划。

蒋：好，杨教授，感谢您对千年书院和建筑文化所作的贡献，也感谢您接受我的访问。您的论述很精彩，但愿古城长沙的明天能实现您的建筑理想。

（1998年5月）

梦想，浮出水面

——目击国家大剧院建设工地

印象

　　建造国家大剧院是中国人民持续了半个世纪的梦想，周恩来总理在新中国成立之初就为国家大剧院预定了地点。在新世纪到来的时候，这项全世界瞩目的工程终于破土动工了，这是可以载入史册的大事件，也将是可以赞美歌颂的大制作。

　　但是，国家大剧院的建设却近乎一个谜，既没有开工奠基仪式，也没有关于工程建设和进度的任何报道，报纸、期刊、电台、电视台、网络上也没有任何相关消息。直到今天，人们从长安街走过、路过，从工地边的围墙下穿行，听不到机器的轰鸣，看不见扬起的灰

← 国家大剧院工地西南入口

尘，除了几杆高高的吊塔，根本感觉不到一个全国最大的在建工程项目正在紧张地建设施工。

10月16日，我有机会采访了国家大剧院建设工程。建设工地全部在临时围墙之内，保安工作严谨而有序。爬上5层的临时办公楼，看到一个十分宏大壮丽的场面，数千名工人头戴红色或黄色的头盔在各个作业面紧张施工，密密麻麻的脚手架像一片密不透风的森林。主体建筑已经粗具规模，歌剧院的舞台和看台已经看得出轮廓，大厅起支撑和装饰作用的32根高强度钢柱已经竖立。施工现场如迷宫一般，没有熟人带领，肯定迷路。

国家大剧院建设工程项目副经理兼总工程师杨晓诚先生引导我参观了所有施工现场，并接受了我的采访。

问答

问：对国家大剧院，争议很多，说法很多。作为项目副经理和项目总工程师，您如何评价和认识这一工程项目？

答：这是一个很有创意的作品，让人耳目一新，是传统文化和现代技术的完美结合。"天圆地方"是中国文化中的传统观念。大剧院的整体造型恰到好处地表现了这种观念。用设计者的话来表述是：城市中的剧场，剧场中的城市。在很多方面都有突破。

问：从目前施工的基础来看，大剧院是否仍然是我们都知道的蛋壳浮出水面的造型？设计是否有大的改变？

答：基本没变，整个建筑是一个超椭圆穹体，跨度相当于工人体育场。金色的穹顶覆盖在全部建筑之上，涵盖了歌剧院、戏剧院和音乐厅。穹顶分两部分：周边部分是钛金属板，中间部分是玻璃。站在大厅中，可以遥望天上的星星，给人高远、辽阔的感觉与联想。

问：开工至今有多长时间，进展是否顺利？

答：2001年12月13日正式开工，进展总的来说是顺利的。过程中有一些停滞，主要原因是设计图纸不太及时，同时也包括功能部分的调整修改、设备材料的订货选样等。不过对于大型工程来说，在施工过程中做修改调整、逐步完善，这是正常的。

问：目前已经完成工程进度的具体情况如何，预计何时能够完工？

答：工程分结构、装饰装修和设备安装三部分。目前土建工程已完成60%，其他配套工程在同时进行，预计2004年6月30日竣工。即使有一些延迟，也会在当年年底竣工并交付使用。

问：施工中有哪些问题和困难？据说地基深达100米，地质情况有哪些特点？启用了哪些新设备？哪些技术具有创新纪录和意义？

答：工程的埋深是国内天然地基最深的，达到32.5米。北京国贸大厦曾达到72米，但那是采用打桩的办法。地下水的问题采取降排和隔断的措施，用混凝土从最高地下水位直到地下40米砌了一道密封的地下隔水墙，控制在安全范围内，没有造成地表沉降，更没有影响周围，如人民大会堂等重要建筑物。施工中没有采用更多特殊的技术和设备。设计中曲线多一点，施工的难度就大一点。屋盖可能是施工难度最大的部分，约要使用3万平方米的钛金属板和6 000平方米的玻璃板拼装而成。

天然地基的埋深、地下水控制、高跨度的穹顶、高强度混凝土的使用等技术和材料的运用尽管不是第一次，但在规模和难度上都有创新意义。

问：中法合作有哪些问题？总设计师安德鲁到过工地吗？他有什么说法？

答：目前双方配合默契，法国方面工作严谨细致。安德鲁经常到工地巡察，了解和解决设计上的问题，因为这对他也是一个新课题。他们有一个现场代表班子，常住工地。法国人对中国工人吃苦耐劳的精神很赞赏，工期抓得紧。在法国，同样规模的工程，工期至少比我们长一倍。要法国工人24小时日夜连续施工运转是不可能的。依据中国现行法规，法方在国内必须有一个建筑单位配合设计，因其对国内的建设标准熟悉，便于掌握和转化施工技术要求。

问：施工队伍的素质如何？

答：北京城建、香港建设、上海建工组成一个承包联合体，分别负责结构、安装、装饰装修工程。土建施工队目前使用的是河南、江苏的队伍。几次劳动竞赛都表现不错。

问：工程是如何保证文明施工的？为什么在一墙之隔的长安街上一点感觉也没有？

答：文明施工和现场管理是我们的管理特色。施工期间洒水车不停地洒水，进出的车辆必须清洗轮胎，防止扬尘。整个工地没有裸土，行车路面全部硬化，其余的空地能种草都种上了草。强噪音施工都安排在白天或者封闭的室内，木工等都在室内操作，材料的装卸都不允许倒卸，而采用搬卸，混凝土用低噪音高频振捣器振捣，尽量减少噪音。西城区环保局多次检测都没有超标。该工程的施工得到北京市建委的表扬，还被评为北京市文明施工的样板工地。

问：工程技术质量如何评价？监理是哪家公司，他们是如何跟进的？

答：监理单位是北京双圆工程咨询监理有限公司。质量方面编制了高于国家标准的内控质量评定标准，凡不合格的提出整改，合格的

→ 在国家大剧院工地与项目负责人杨晓城合影

签字放行，进入下一道工序。工程质量始终处于受控状态。

问：工程管理各方面的关系如何？预算投资总额是多少？是否会突破预算？

答：工程的各方面工作统一由业主委员会负责，主席是万嗣铨。如果工期与质量发生矛盾，确保质量第一。我们这个项目是北京重点工程项目中开工手续最齐全的。工程投资总额不超过30亿元，绝不突破预算。因此要精打细算，宜细则细，能粗就粗，比如，有的相对隐蔽部位混凝土墙打得细一点，以后不再做精装饰，可以适当减少工序和节约材料。

问：为何要拒绝新闻媒体的采访，以往的报道有哪些问题？

答：以往的报道没有什么问题，但根据业主委员会的要求，一律不接受媒体的采访，一般不作报道。各级领导人多次到工地视察，都没有作任何报道。到目前为止，只有我们内部的企业报《首都建设报》对工地的劳动竞赛活动作过报道。

背景

国家大剧院位于北京人民大会堂西侧，西长安街以南，是中国政府面向21世纪投资兴建的大型现代化文化设施。工程建成后，将成为中国最高表演艺术中心。项目由椭圆穹形结构的主体建筑和南北两侧的地下通道、车库及其他附属配套设施组成，总占地面积11.893公顷，国家大剧院工程总建筑面积149 520平方米，总投资26.883 8亿元，天安门地区西侧环境改造及地下停车工程建筑面积为44 678平方米，总投资2.543 8亿元，项目设计建设工期四年。

项目室内设计地坪标高 ± 0.00=44.75米，室外地坪标高为46米左右。中心主体建筑由外部围护结构和内部歌剧院（2 416席）、音乐厅（2 017席）、戏剧院（1 040席）公共大厅及配套用房组成。建筑外部围护结构为钢结构壳体，呈半椭球形。其平面投影东西向长轴长度为212.20米，南北向短轴长度为143.64米。建筑物总高度为46.285米，基础埋深大部分在-26.00米，歌剧院台仓部分为-32.5米。椭圆形屋面主要采用钛金属板饰面，中部为渐开式玻璃幕墙。椭球壳体外环绕人工湖，湖面面积达35 500平方米，各种通道和入口都设在水面下。

北侧建筑的地下停车场可停放机动车951辆，自行车1 420辆。地面设大轿车车位12辆。椭球形钢结构由钢盘混凝土环梁支撑。歌剧院、戏剧院、音乐厅等主体建筑采用钢盘混凝土框架剪力墙结构，主体建筑地下部分与南北地下建筑相连通。工程装修设计高雅实用，机电设备系统设置充分体现先进性和智能化，对灯光音响的控制要求严格。剧场内部设有90部自动扶梯和电梯，以满足人员流动、疏散的要求。

国家大剧院工程处建设单位是由建设部、文化部、北京市共同组成的国家大剧院业主委员会；设计单位是法国巴黎机场公司，北京市建筑设计院参与主体结构工程设计；施工总承包单位是由北京城建集团有限责任公司、香港建设（控股）有限公司和上海建工（集团）总公司组成的总承包联合体；监理单位是北京双圆工程咨询监理有限公司。

感 想

中国首次在历史上诞生了大剧院的构想，这是在观念上大大地迈进了一步。歌剧和歌剧院本来是西洋文明，把它引进到古老的中国，引进到中华文明最为深厚的京城，其意义远远超出了剧院本身。这是经济实力、文化品位尤其是政治昌明的阳光、温度、湿度适宜中的一株新芽破土。

由一名外国设计师担纲当代中国最为重要的标志性建筑的设计，是连带而来的再次观念的突变。中国人以历来特别饱满的自信心和自尊心让贤于西洋人士，就连带有中国血统的建筑设计大师贝聿铭都不沾边，这又是一个惊叹号。

更令人惊诧的是大剧院的方案。在中国的心脏，在北京的心脏，在天安门、人民大会堂和故宫一大片最有民族特色的建筑群之间，突如其来一个椭圆的蛋壳，像橙黄色的巨大月亮在水面冉冉升起。庄重中的轻松，古老中的现代，中国中的外国，将给人多么强烈和持久的震撼啊！

从那时候起，中国的建筑界便没有再平静过。没有任何一座建筑物引发过如此多、如此尖锐和对立的争论，其持续时间之长是罕见的，从招标设计到今天工期过半，或许直至完工也不会停止；其涉及面之广也是少有的，从建筑界到非建筑界，从知识大众到普通百姓。鲜为人知的是，国际建筑设计界对此也有过截然不同的争论，法国著名建筑评论家弗迪里克·爱德曼把它戏称为"北京的蛋"，并认为是"一个外销法国货的故事"。围绕着设计和建设，其间几经起伏，充满了戏剧性的情节，最终在争论中破土动工。

围绕国家大剧院的争论，其表层的焦点集中在建设地点、建设时机、投资额度、设计者和设计风格、"蛋壳"与三座剧院的相互关系等等。实际上则是一次关于文明的冲突，随着改革开放的潮流，这种冲突已经或者迟早要来。如何科学评价国家大剧院的意义和价值，还需待以时间与空间上的距离。

（2002年7月）

附录

北京的蛋
—— 一个外销法国货的故事

[法] 弗迪里克·爱德曼　华新民译

这是一种典型的建筑设计评论界很怕见到的情况：建筑师是法国人，请来的评论家（译者注：即本文作者）也是法国人。这又是一个提供给国外的设计方案（在此是提供给中国的，有不少欧洲公司在那边工作，以德国人为众），是一个法国方案（就算是吧）。那边的当局看中了它，经过一场纯粹是假装做戏般的设计竞赛之后，而且整个过程也没有得到国际建筑协会的认可。在法国，人们是吹着喇叭宣布这场胜利的。熟悉北京的这位评论家被请到名气很大的巴黎美术学院，由他来张罗（义务地）一场圆桌会议。其中出席的还有一个败下了阵的法国对手，答应来做帮手的，依着心照不宣的某一种默契，在此介绍了一番他自己的参赛方案，这里我们就免提了。人们所说的中选方案是保罗·安德鲁的，他是巴黎机场公司（ADP）的首席建筑师和华西戴高乐机场的作者。他曾经被派到奥特文·斯佩瑞克森身边帮助后者完成巴黎德方斯凯旋门。另外他也辅助过朗佐·彼安大阪康赛机场的设计，也一度在位于上海东侧的浦东机场与中国人共事过，又很可能是在那里学会了某些中国人的一些做法。

保罗·安德鲁是个颇受器重的人，虽说他的同事们抱怨他脾气太大。他是毕业于"高等综合工科大学"这所名校的一名优秀工程师，之后兼任了建筑师。他在不到三十岁时创建了第一个华西机场，为此获得了国际上的名誉。而在远还不到退休的今天，他已经佩上了法国库存的全部装饰性的勋章。过去，我们"世界报"曾对他做过重要的访谈，当时其人表现得很像一个有严格道德标准的人道主义者。在这份报纸里，我们也曾多次称赞过他的一些作品，但主要是从技术角度而非建筑设计的处理，因我们对后者欣赏程度还是差一些。然而到了1998年底，安德鲁却着实令那位评论家吃了一惊。那时也是在巴黎美术学院的一个场合，该评论家本来就是要采访安德鲁的，却发现了他那个先称为"歌剧院"后又叫"国家大剧院"的方案（译者注：是一个方形建筑）。这竟是一个典型某时期中国建筑学院毕业生的作品，这是一个体态笨重的"大老爷"，绝对对称，该有弧度的地方棱角分明，该直上直下的地方却弯弯扭扭。这是一名中学生的习作，一个懒惰但虚荣心很重的学生的习作。而且该方案配了一个很大的看台，该评论家一看就明白它以这种样子出现不可能有任何结果。这是因为"歌剧院"的选址，早在1958年就定下来的这个地点显然是具有战略性意义的：一面紧临从东至西横贯北京城的长安街，东头靠着巨大的人民大会堂，且后者本身又占据了著名的天安门广场的一侧，这个可称为首都北京最大一片自由空地的广场。它的对面，穿过长安街，是新政权所在的新"紫禁城"，中国最高的权力机构。它与故宫为邻，那里曾是继蒙古征服者之后明朝皇帝所在的禁城，后来又是清朝皇帝所在的禁城，直到1911年。它的西边还剩下几片老城区，正逐渐被自二环与西单大街涌过来的一群金融商厦侵蚀，其风格与安德鲁的第一个方案是一个路子。它的南边是取代了曾经为内城城墙的另一条东西走向的大街。这是一个具有历史意义的地点，尽管相当多的历史已被抹掉，但传统布局还在。在这里显然不可以设置看台，以便饱览新政权的禁城。但说到这些实际上都无关紧要，重要的是随后逐渐了解到的一些情况，它表明了这场"设计竞赛"是完全无规无矩没有遵守任何规划的，甚而到了荒唐的地步。1998年底，那个获取桂冠的人又被安排重新参加了另一场比赛，对手为糟糕透顶的巴士底歌剧院的设计者加拿大人卡洛斯·奥特和设计了Chaning Cross古墓式大型中转地下车站的英国人塔瑞·法若。这被称为"第二轮"的"第一修改"。到1999年后又有了"第二次修改"，而安德鲁的蛋就是在这个时候生下的，称之为"蛋"，因为这是北京人对它最普遍的一种叫法，按照他们眼中所见的法国工程师那个航空港一般的示意图。剧院变成了一个巨大的椭圆体，仿佛属于华西第二机场的那些"卫星

← 国家大剧院

厅"之一，只是体积稍小而已。另外据说它也更为光滑一些，在闪闪发亮，因为覆着钛，这是受Bilbao高根汉博物馆启发的一个绝妙的灵感。在这个椭圆体的南北两侧各有一块玻璃，大小不一，嘴馋的人可以把它当做两块蛋糕，喜欢做中国式游戏的可以把它认作阴和阳。蛋的四周是清净的水（！！！），日后人们从下面穿过去后就会头脑晕眩，就将迈进极乐境地：人在蛋中面对着三座与蛋壳无关的建筑物，一个3 000多座位的大剧场，一个大型的音乐厅和一个总算小一点的厅，是专为演出中国传统剧目设计的。方案整体看来遵循了最严格的对称原理，因此其他地下部分仿佛是解剖体，将令普通公众不知所云，只有医生们才会熟悉，哪一层是妇科，哪一层是软体动物科，哪一层又是为了口腔矫形。这三个被揣在罩子里的大厅的布局令人不禁联想到安德鲁那头一个"中选方案"，也是这么巧妙的构思。尽管如此，安德鲁居然还有胆量在2001年6月份从北京回来之后（虽然比走一趟努美阿还累），还是要向法兰西建筑学院那些年事已高的长老们支支吾吾地介绍它，而听众们则或者兴奋或者假装兴奋，面对这样一座好像二战刚结束时的那种建筑，粗糙简单，器官式思维，英雄主义并患有自大狂症。

对于北京当地的反应，当事人介绍时承认是存在分歧的。一边据

→ 夜空下的国家大剧院

说是认为安德鲁的庄严手笔代表了某种形式解放的年轻人（但也并不完全符合事实），另一边则是不知为什么没有在各自的院所中被冷冻起来的老头子，既坏又嫉妒心重的老头子们。然而上书的数量是相当多的，也都十分中肯，无论从美学和象征意义的角度，还是从技术和环境的角度，这是任何一个人，只要他不是从明信片上认知北京，都应该承认的。北京的环境污染，即使是为了迎接2008年奥运已在开始好转的污染，再加上看不出何时能停下来的风沙，都多半会把那个儿童嬉水池搅得一团糟，而原本听说那水中是可以映出大蛋倒影的。更不用提这个大蛋本身的技术成本与中国人民目前的经济承受能力相差很远，甚至可以说是不成比例的了。尽管中国方面有人很善于边干边砍，一路下去这里砍掉点图纸，那里砍掉点开销，以致那最初的设计到最后只剩下些许的回忆了。如果国家大剧院非要从那个为它而挖、为它做准备的坑里现世的话，除非先把大壳子建好再照顾里面，否则唯一可能的就是同时放弃蛋壳和那个嬉水池，再干脆把三座剧场像三个显露出来的胚胎似的直接放在外面算了。

这个方案其实无法以坏字作评，而只能说它根本是小儿科，因此也是可憎之极的。真有人会喜欢它吗？还是有的，凡是在其中有经济利益可图的人。也正因为如此，像同我们一样持反对意见的法国评论家，全被驻北京和上海的外交官员视为法国利益的叛徒。可不是吗，既然它是法国的，它就是好的，而且必须要说它好不可。对此，法国高等经济管理学府与高等工程学院居然一拍即合，成了知音。还有一些建筑师及园林设计方面的专家，正在梦想着如何分一勺羹，如何从工地上给自己切下一小块儿来。再就是一部分职业汉学家及中国情结型汉学家，觉得为了自己在中国的出入方便，就应当在种种愚蠢无聊的社交场合中对大蛋表现出热情来，只要话题一涉及它。在这里，人们一提到那位批评家，就认为他破坏了法国的民族利益，认为他这样对待可怜的安德鲁是出于卑鄙的心理，出于嫉妒甚至某种仇恨，尽管后者身为堂堂"巴黎机场公司（ADP）"的首席设计师，在这会儿却似乎一下子变成了一个无力保护自己的建筑师。人们还说起"世界报"的另外一位评论家往日如何抨击了最初公布的贝聿铭金字塔草图（难道抨击错了吗？），还越说越远，说到雨果当初如何诋毁奥斯曼，戈其如何诋毁未来的艾菲尔铁塔了。

其实所有当初这些反对者都是有道理的，可一座建筑物一旦建好以后，就会持久地存在下去，使公众对它评价的眼力逐渐被时光所模糊。同时这种持久性本身也使人们不再注意身边的反差，即好建筑和坏建筑参差共存的现实（比如像巴黎法院、巴黎市府大楼和塞纳省警察局大楼这些丑陋的建筑）。这种持久性的既成事实，往往令人想不起曾经有过的别的可能性和失去过的良机。从这点再说到目前的北京，它正面临着世界城市史上从来没有过的大拆大建，按计划旧的百分之七十竟都被拆光，2008年的奥运使其速度更为加速，虽然同时偶尔也能看到某些老房子的修复。在这样的背景之下，安德鲁的方案会是一种怎样的命运呢？一方面，如果放弃它，政府大概也很难会让这个大坑继续在市中心裸露着，像巴黎当时的"阿勒尔大坑"似的；而另一方面，如果不放弃，政府又如何有可能在同一时间把它、把奥运村及与奥运相关的基础设施都全部建设好呢？

（华新民2001年10月于巴黎译自法文原文稿）

2

屋之品

WUZHIPIN

风景这边独好
——我眼中的欧洲民居

  汽车穿行在欧罗巴广袤绿色的原野。那是与我们习惯了的江南或北国原野迥然异趣的景色与情调。

  淡黄的小麦，草绿的油菜，鲜亮的荞麦……大片大片厚厚地覆盖着大地，繁茂的黑森林是村落坚强的屏障，透不过光，透不过风。

  一晃而过的欧洲民居，就像漂浮在这绿海中的彩色岛屿。或者是豪华的，装饰精美；或者是古老的，在门楣上骄傲地标明着建造的年代，古风犹存；或者是平实的，那是农家做派，简洁实用；或者是别致的，环形的阳台，阔大的扇形装饰门板。有的小巧玲珑，有的气势雄浑，傍海、依山、环湖、托路，点缀出一方纯粹的人文风景。不论是何种年代、何种风格和材质，欧洲民居几个显著的特征让我们从东方屋舍走来的眼睛和心灵豁然一亮，经久难忘。

→ 欧洲民居

← 欧洲民居

其一，个性鲜明。在崇尚自由、追求个性的民族文化心理驱使下，欧洲民居的样式是这样异彩纷呈。我们找不出两幢模样相同或相仿的建筑，整齐划一的败笔更是绝少有。每一幢屋舍都力求在造型、色彩、结构、材质、环境各方面有创意、有突破，而绝对避免雷同单一。

其二，表里如一。欧洲民居，外貌的美是公认的。但其内质也绝不含糊。有许多次我们有机会被好客的居民请进屋内做客，每每惊讶与艳羡其室内装饰的洁净与规范，可谓丝丝入扣，一尘不染，既有其实用性和舒适感，又显得美观、大方、优雅。所谓文质彬彬，然后君子。其与东方民居分野最大的也在于此。不像普通的亚洲农舍，要么外观极尽美雅，而内室凌乱粗糙；要么室内富丽堂皇，而外貌粗衣乱服。

其三，与环境协调。欧洲民居的设计与构造，注重与自然，特别是与周遭环境吻合协调。有条件的家庭，设置宽大的绿茵草坪、漂亮的植物篱笆；一般的家庭，都要尽可能添置些花花草草，一扇窗、一扇门、一座阳台，都要精心设计，看上去就是一幅精致优美的静物画。

作为个体的民居，还可以列举出种种优点与益处，比如整洁，比如情调，等等。但综合来议论欧洲民居，印象深刻和值得借鉴的还是其合理的规划、布局与其整体的建筑水准。

欧洲民居从全貌上评价就是比较集中，很少能找到孤房独舍或"东一榔头、西一棒子"的布局现象。一个村落，一个集镇的民居，都相对集中。据考察，这样的布局思路确实有利于社区管理和服务。比如道路

→ 欧洲民居

建设就避免了重复，节约了农田，再如集中供水、供电、供暖及至幼儿园儿童的接送等都远比分散和零碎的布局要合理和优越得多。

他山之石，可以攻玉。在欧洲的游历中，民居是始终吸引我的一方亮丽的风景，边看、边照、边记、边想，我觉得有责任向国内的读者尤其是农村准备大兴土木修建家园的农民朋友，提供这方面的情况和资料，特别是形象直观的图片和通俗明白的文字，以供参考和借鉴。应该说，我们的农民朋友在筹划自己的居室建设时，是以"百年大计"的审慎态度来行事的，投入的精力和财力也不亚于某些欧洲居民的水平，但往往费而不惠，要么不够中看，要么不太中用。同时，我们还发现，无论在国外或国内的书店、图书馆查寻资料，低视野介绍平民化民居的图书都是一个空白。要么就集中在名胜古迹、建筑大师的得意之作，要么就不惜篇幅介绍现代豪华的居室，且多是室内的装置和分布，其富丽堂皇令人不敢逼视，且远远拉开了与我国居民消费水平的距离。因此，编辑出版一部这样图文并重的图书供读者朋友参考，应该是能产生些效益的。

目之所及，心之所向。愿中国的原野上崛起更多新颖而美丽的屋宇，愿东方的大地上增添更多人文的、民族的、时代的图画。

（1998年6月）

绿荫里，彩珠点点

——外国民居的群落

外国民居有独立出世、互不关联的摆布，有的林中求静，有的河畔自乐，但更多的是彼此呼应、相映成趣的住宅群落。旅行途中，在我们遥遥眺望或擦肩而过的视界里，印象更深的往往是民居群落，因为那呈现出一种整体的气势。

民居群落却不仅仅为着满足视觉的完美，更出于对社区的构成所必需的考虑。

外国民居群落一般有科学合理的规划。20世纪初，英法建筑师便开始酝酿花园城镇计划。美国人受英国花园城市思想的影响，为摆脱大城市积重难返的弊病，追求人类理想的生活环境，提出了田园城市运动，并在新泽西州、俄亥俄州等地建立了绿带城、绿谷城等许多花园住宅小区。

外国民居群落外部组织结构由大到小依次为"新镇—村落—邻里—住宅群—住宅"。

新镇：一般由8个村组成。在高速公路旁建立镇中心，其规模可为25万人服务，有100多家商店，9万平方米的办公楼，一座较大规模的公园，包括三个湖、两个高尔夫球场、一个溜冰场、一个体育俱乐部，微型公共汽车可联络各方。

村落：3~5个邻里构成一个村。村中心设一所中学，中学是开放型的，内设有教堂、礼堂和文娱设施。另有超级市场、银行、药店、酒店、修鞋店。人口为1万~1.5万。

邻里：类似于我国的住宅小区。由3~5个住宅群组成，包容

800~1 200户。邻里设有最基层的社区中心。一般根据一所小学的规模确定邻里住宅区的人口规模。邻里住宅区的边界用干道划分。干道有足够的宽度，保证畅通无阻，且有效阻止过境交通。辟有小公园和休息用地，解决居民户外活动需要。设有商店和其他公共设施。

住宅群：最小的住宅群落单位。一般由10~100户居民组成。

住宅：以墨尔本西南郊一处住宅群为例。每户用地长约45米，宽约15米，面积相当于中国的一亩。房地产商在新住宅区盖10栋样板住宅，卖房采用先卖地皮，再选择中意的住宅式样，由开发商代为建造，同时在银行办妥分期付款手续的方式售房。

住宅一般安排在地块中部，约占地块的三分之一。住宅与道路之间是前庭，前庭有草坪和进入车库的车道。住宅后部有车库。后院是居民室外活动的后花园，有草坪、树木和花卉。连接住宅处有游泳池等。

除单户住宅外，多户住宅特别是连排式住宅（Town House）成为越来越受青睐的选择。尽管这种民居几户并联一体，户与户之间有共用墙体，与单户住宅比，房间少些，采光受限制，紧邻之间相互有干扰。但这种类型逐渐成为美国的主要住宅类型。原因主要是经济方面的：一是城区和近郊人口密度大，地价高；二是尽管住郊区和乡村的别墅已成为时尚，但不是多数人都具备了这样的条件，而每天往返城乡之间，路途就得消耗几个小时。一些单亲家庭和"空巢者"家庭（Empty Nester）也愿意卖掉原有的大宅，面积减少了，但生活标准不降低，还免去了维护庭院的劳顿。

外国民居住宅群落注意选择环境优美、气候宜人的地点。住宅建设充分利用地形地貌变化，外观雅致，结构轻便，树木草丛错杂其间，既有烘托映衬，又有鲜明对比，使景观富有情趣。在设计中，力求每家每户都能配合这一景观，都有面向原野的独特视野，使人们在参与多种情趣的空间体验的同时，能欣赏到乡村自然而原生的景观。

（1998年10月）

大师不嫌小制作
——外国住宅经典作品

外国建筑师不仅热衷于营造鸿篇巨制以名播海外，流芳百世，也不拒绝建造小品民宅，为地域性民居的整体水准提供了可供借鉴的范式，特别是其追求独特、自主的个性化文化品格和建筑主张，更给众多的民居宅主一种无言而有益的昭示。

纵览外国建筑史，特别是20世纪建筑史，几乎所有知名的设计师都留下了比较精彩的典范式别墅、住宅作品，不论是应业主之约请，还是因自家之需求，都不因善小而不为，反之，以一种"小试牛刀"的心态，在相对宽松的创作氛围中，淋漓尽致地展示自己的才情与个性。

坐落在巴黎近郊的萨伏伊别墅，是勒·柯布西耶众多小住宅设计中的"上品"，也是开一代风气的范例。全面体现了他自己关于住宅设计的"新建筑的五个特点"：在室内开敞的空间里，设挑空的柱列；设置屋顶花园、扩大使用面积；用非承重内墙组合内部空间，造成自由空间；横向长窗；以非承重的外壳和表皮构成自由的立面。

柯布西耶把这座住宅当成一个立体主义的雕塑。全宅为钢筋混凝土结构的三层设计。底层是比较隐蔽的空间，用深蓝色和深褐色明显地表现门厅、车库、楼梯、仆人房等服务性空间。此外有坡度平缓的斜坡，引导人走向上层。

第二层包括所有的主要生活空间：起居室、卧室、餐厅、厨房。第三层有主要卧室及屋顶阳台。卧室面向屋顶花园，由落地玻璃拉门出入，阳光从花园照射过来，向外放眼是一片开阔的原野。

住宅竖向与横向的整体组合，内部空间与外部空间的组合，完美

而和谐。而住宅外部悬空的方块、由圆柱形的塔状楼梯间连接的上下楼梯，具有一种外形美观的机器造型风格。该住宅在第二次世界大战中遭战火损毁，战后特意修复，作为法国现代建筑第一批纪念性建筑予以重点保护。

"流水别墅"是最著名的一例。这是美国建筑师赖特1936年在宾夕法尼亚州贝尔河畔为考夫曼设计的私宅，选择山坡林间风景绝佳的地点，采用钢筋混凝土结构，上下三层，每一层楼板都凌空而出，向各个方向悬伸出来，给人一种飞扬的动感。一道道横墙和几条竖立的石墙，形成构图上的交相穿错叠架；光洁浅白的栏墙与灰暗粗犷的石墙，产生颜色与质感的反差对比；而林中多变的光影，更造成生动与活泼的境界。一方面是疏松开放的形体，一方面是与地形、林木、山石、流水的紧密契合与融和，表现出对刻板生活与规则建筑的反叛，倾吐出人与大自然交融共存的向往。

"草原别墅"是赖特的另一类民宅杰作，威立茨住宅是其中的代表作。该住宅建在平坦的草地上，设计强调屋顶、梁和墙的水平线，用对比的垂直线与之保持平衡。室内的低天花板经常倾斜成一个不规则的角度，一个空间延伸到另一个空间，使远近层次产生了变化。而在门厅、卧房和餐室之间不做固定的完全的分割，使室内空间显得连贯自然。外墙上以连续成排的门和窗增强室内外空间的联系，突破了旧式民居的封闭感。建筑外部形体高低错落，斜坡屋顶延伸很长，形成很大的排檐。住宅的立面有意布局长长的屋檐、成串的窗孔、墙面水面饰带和勒脚、环绕庭院的矮墙，形成以横线为主的构图，给人安定而舒展的美感。

"玻璃别墅"还有一段有趣的插曲。1945年，美国建筑大师密斯设计的范斯沃斯住宅，是一座坐落水边的玻璃屋，八根工字钢柱夹持一片地板和一片屋顶，四面均是顶天落地的大玻璃。除屋中间有一小块封闭的空间藏有厕所、浴室和机械设备，其余部分既无遮拦也无固定分割，主人起居、进餐、运动都在四周敞通的空间内，暴露无遗。但主人偏偏是一位单身的女医生，如此格局，甚不方便，房子还没有完工，女医师已同设计大师翻脸，但"少即是多"的理念从此得到淋漓尽致的演示。

另一家"玻璃别墅"可视为一件克隆的仿制品。当密斯的作品还未完工的1949年，美国设计师菲利普·约翰逊在康涅狄格州为自己建造了这座庄园。它的外墙全是通透的玻璃，室内陈设及主人的活动可以一览无余。从外观看呈现出纯净的简洁与典雅。而当你置身于宽大的客厅，

↓ 菲利普·约翰逊的
　"玻璃别墅"

空间在意象上和实质上都豁然开朗。家具的布置主要考虑为各个房间和通道定位。在玻璃屋里，所有的物件都向外放射出去，产生镜面效应，给人一种梦幻的感觉。

上个世纪，大师手下的经典民宅如散珠碎玉，撒落在世界不同的地方。选择性地了解那些大师们的"小创作"，对提高鉴赏外国住宅的品位，对把握一般外国住宅的来源与去势，无疑有积极的意义。

法国建筑师埃米勒·安德烈在南希市设计了一幢别出心裁的住宅。在窗布和眺台的设计上，充分利用直线和曲线的结构，造型富于想象力。结构完全显露出来的大窗户，集中表现在立面上，不仅增大了天然采光，也增加了开放性和流通性，显示出建材的轻快感和强度感，表达了从美术的志趣和角度进行建筑设计和建筑艺术的创新努力。

意大利建筑师卡图雷尼和福尔米卡夫妇在一片荒芜的山岗上自建了一幢仅仅160平方米的"玩具别墅"。积木式的简单结构，红、黄、蓝、白强烈的原色，仿佛走进宜人的童话世界。

美国建筑师布鲁斯·戈夫在俄克拉何马州设计了贝文杰住宅。因宅基的地形宛如一个螺旋形，促使建筑师产生设计涡螺形空间的联想。从外观看，天花板循着螺旋曲线盘绕而上，厨房设下层，浴厕在中间层，上层是工作间。室内空间是不断变化的"空间流"，没有任何一面墙、地坪或天花板是平行的。

美国建筑师范纳·文图里在宾夕法尼亚州费城为母亲建造的住宅，其整个立面为一扇巨大的山墙，中央处破开一条竖细缝，隐含对富丽堂皇的豪宅的讽刺。烟囱偏离中央位置，入口处上方拉开小窗，门廊超过了正常的比例尺度，设计了弧形线脚，强调了住宅与当时反装饰的现代建筑样式的明显区别。

美国建筑师查德和戴恩·纽特拉在加利福尼亚设计了"沙漠之家"。为了与不毛的沙漠与荒凉的岩坡形成对照，建筑师选择玻璃和铝板，借其强烈的反射作用映照出无边无涯的大漠景色。

维克多·霍塔在比利时首都布鲁塞尔设计的泰西尔教授住宅，充分利用了维奥勒·勒·迪克的建筑结构理论。楼梯间结构具有线条完整而和谐的韵律感——由墙面、地面、装饰性铸铁栏杆及扭曲的螺旋式楼梯共同组合而成。所有构件都极其精致、优雅而纤细，着重突出了线的概念。

美国建筑师在康涅狄格州的斯蒂尔曼住宅。架构：一个结构紧密的主要住宅和一个完全分离的客厢房，不使用，可以单独关闭；材料：一部分木料，一部分粗石砌的承重墙，产生对比；外观：外露的木料涂成深棕色，石构造涂成浅白亮色，配上雕塑的橙红色，造成抽象甚至卡通的意味。

美国建筑师查理·丘尔在密执安州完成了道格拉斯住宅。该宅基十分奇妙地立于陡峭的绝壁之上，俯视密执安湖，四周树林苍绿。外观采用明快的白色，与茫茫湖光、碧碧山色融为一体。白色与大自然形成了强烈对比，使人对大自然的造化与巧夺天工的建筑师的智慧发出由衷的赞叹。

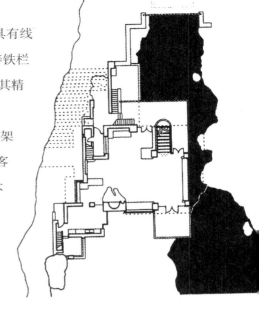

↑ 流水别墅视图

对比我国很少有建筑大师甚至一般建筑师涉足住宅设计，国外建筑师似乎表现出一种天然的热情，不仅拿出了不胜枚举的惊世之作，产生轰动效应和传世效应，同时还通过住宅设计探索建筑理念，实现美学主张。

大师们手下的经典住宅，有如服装设计师手下的时装，大多有中看而不中用的属性，但其前卫、先锋作用却是显而易见且功不可没的。正如时装与成衣的关系一样，设计师的创造追求和变革意义留给人们意味深长的启迪。

游历欧美各地，如果你稍稍留意，便可发现一些大师遗存下来的精品力作，它们与周遭的建筑群落协调融合，又透出特立独行的不俗品格。那是可触可摸的大师的灵性，是建筑物里一道绚丽迷人的风景。

（1998年10月）

墙面鲜花相映红

——外国民居的外墙

如果把民居的门、窗、檐、顶喻为人的五官，而外墙则正好是它的脸面。如果把民居的整体喻为人的身体，外墙则是它的服装。外墙是建筑所占比例最大的面，也是最具表现力的领地。欣赏外国民居，最直观的第一印象便来自外墙的视觉冲击。优秀的外国民居不仅注重其完美的空间组合，如形体、比例、尺度、韵律、平衡、对称给人的美感，但也绝不忽略其外在的装饰，尤其偏好用外墙饰面的色彩、线条、质感、浮雕、壁画等来为之增色。

在我们所游历的国家，目力所及，绝少单调、简陋的搭配组合，之所以东方人对此感受更为强烈，缘自与东方特别是中国民居简明单一的对比后产生的视觉与心理反差。黑白灰作为中国传统民居稳固而主调的色彩模式，已根深蒂固，从某一角度看，黑白对比及灰色过渡，体现了较高的色彩审美情趣，但千篇一律、千居一色的色彩搭配模式又使人感到单调与沉闷。

中国作家贾平凹曾这样描述自己的感受：江南水乡屋舍，20世纪90年代开始西洋起来了，但又脱不尽土气，一个村落、一簇屋舍，同样的结构设计，在粉白色的两层水泥楼上架人字形老式瓦屋顶，犹如穿西装却戴瓜皮帽。

可以肯定地说，外国民居赏心悦目的一个重要因素，取决于其外墙大块面颜色产生的效果。那是一种智慧的光泽。在建筑师的指导下，外墙的色彩既考虑了对单体民居的必要突出，又融入了周围的环境之中，既让公众侧目而视，又与近邻协调共存。色彩的温度感、距离感、体积感、重量感体现得恰到好处。

　　几乎所有目睹过外国民居实体的人，都会对此留下尤为深刻的印象。民居外墙的设色，充分重视色彩的重要地位，考虑到自然环境、色相对比、社会心理、施工操作等诸多因素，造成素雅、宁静、别致的效果，与周围环境融为一体。

　　北欧建筑大师阿尔瓦·阿尔托（1898—1976）设计建造的梅丽亚别墅，不仅内部功能的奇思妙想让人惊叹，外墙的美更体现出那个时代的卓尔不群。白色砂浆抹灰外墙，橙黄色木条的横线构图，熟褐色的木板外墙，素色的金属条棍，宝蓝色的釉面砖与材质……对立统一，和谐悦目。

　　外国民居的现代建筑技术和建筑材料迅速发展的风气之先，外墙装饰从传统的建筑材料、装修手法中解放出来，采用各种新型材料和当代科技手段，使民居的外墙更具现代性、高科技性，形成别致的艺术效果。多彩的外墙装饰提升了民居的艺术感染力，形成感情氛围，丰富与延续了时间和空间，提高了景观的质量，给人以美的愉悦和享受。

　　有别于我国民居外墙统一采用砖混结构的格式，外国民居外墙在材料和施工上都是多种多样的，不仅大大加快了施工进度，而且造就新颖的艺术美感。

　　外国民居一般为全木框架结构，砖墙本身不承重而只起装饰的作用。外墙材料一般分为六类：

　　砖质外墙。品种和颜色极多，但一般采用富有乡土气息的土红色或过渡性颜色，富有极强的表现力。

　　木板外墙。一般采用红松木板，其材质产生温暖、醇厚的感觉，施工工人使用极为方便，一种是水平方向自下而上钉木板，另一种是垂直方向左右拼缝安装。木板外墙住宅给人以轻巧、舒展的感觉。通常木板外墙需要油漆，每隔三五年要保养一次。

→ 一栋戴项链的楼（琉森）

废塑料再生板外墙。废塑料再生人造木板与木板外墙具有同样的效果，但价格要便宜得多，且不需要油漆保养。

金属板外墙。用铅或镀锌铁皮制镶面复合板做外墙，价格相宜而且耐用，也无需保养。

石片外墙。石材加工成片材挂贴在外墙上，使住宅产生山庄效果。

粉刷外墙。粉刷外墙在我国民居中使用普遍，因为黏土砖质量太差，达不到装饰效果。而外国粉刷外墙相对经久而不变。

但愿中国民居能洋为中用，让民居从内到外都是美的，至少解决用卫生瓷砖装饰脸面的随意粗糙工作。

青翠如茵的草坪，曲径通幽的道路，通透雅致的栅栏，或者依山，或者傍水，绿树垂荫，鸟鸣生韵。有的灌木四季常青，有的花坛万紫千红，有的别出心裁构思修筑园林小品。在和谐优美的环境中，民居建筑的内部与外部空间紧密相连，生硬的分界线悄悄消退了，你中有我，我中有你，宛如童话的世界——这便是我们瞭望外国民居时常见的、普遍而又多姿的风景线。

从居室内的角度外眺，往往也是一幅赏心悦目、怡情惬意的图景，空阔而宁静的原野、疏密有致的住宅群落、自然界四时常新之景尽收眼底。

外国民居的档次或称格调，首先就定位在环境的质量上。不仅是为了营造视觉感观，让人留下一见钟情的美好印象，还是尊重社区规约的价值文化判断。在欧洲，相同面积和设备的住宅，绿化及环境的优劣是决定房价的重要因素。俗语称："欧洲住宅的价格不在窗内而在窗外。"因而，注重环境，改善环境，成为衡量主人生活水准及文化修养的尺度，也是多数住宅共通的第一追求。

在西方，存在主义有这样的表达：人、家园、存在。海德格尔则凝练了一种共通的理想："人，诗意地栖居在大地之上。"

（1998年10月）

无边光景一时新

——外国民居的格调与时尚

在外国尤其是美国，富豪大亨、中产阶级、贫民阶层是等级分明的。等级的划分已不是简单的有产无产、剥削与被剥削等既往的标准，而是透过人们的衣、食、住、行及日常生活特征来予以判断。作为住的载体，民居尤其丰富生动地体现着房主的格调和品位。

首先是住房的式样。当今的新房子常常因为太普通、太划一而难以确定房主的身份。过去则不一样，无论造价如何昂贵，都像单个的或一系列连在一起的盒子。有的房子有陡峭的尖顶，上面盖着白色檐板，称哥特式；长度大于宽度，有倾斜屋顶的房子称为牧场式；方形的房子称为邦家阵式；两层的盒子就算做殖民式；两个盒子并排而建，一边略高于另一边的是错层式。这些都是上中层阶级和中产阶级的住房。如果还要追究细微的差别，只是上层阶级的住房距街道更远一些。

← 外国民居

其次是立面。现代住宅结构的划一性，促使房主越来越重视门厅正面的装饰效果。无论主人地位高低，家居正面力求赢得尊严。中产阶级惯常的办法是采用"绝对对称法"，比如窗帘、摆设和壁柱的设置。

窗户也显示着社会地位，其原则同样是循古。最高贵的窗户是仿18世纪的木技垂直拉窗。玻璃窗格子越多越好，下限量6个，12个就非常出色了。贫民抬高身份的方式则是给错层式平房装上舷窗，想给人住在游船上的感觉。有的安装着垂直起落的双层窗，因为大窗子暗示着家里有开窗关窗的仆人。

民居外部的环境与附件，当然更是直接显露房主身价的媒介。

车道。一般而言，社会等级越高的人家，车道越长，且长而曲的车道胜过长而直的，如果根本找不到某先生的车道，那他的地位一定高不可攀。

围墙。注重隐私是最高阶层的标志，凡高于六英尺（1英尺=0.304 8米）的围墙都表明了主人的等级，而矮墙和可以窥视的篱笆，或根本没有围墙的住宅，则宣告其中产阶级的身份。

花草。中上层阶级的人种植杜鹃花、牡丹、铁线莲、玫瑰等。中下层贫民则偏爱大竺葵、一串红等。

↓ 外国民居

总之，形重于质，外胜于里是一条基本的准则。当然，随着时

代的变迁，许多约定俗成的"规矩"已不知不觉发生了变迁。一批有
品位，有思想，有创造力，有影响力，生活得体而并不富有的阶层在
解构传统的等级社会，将格调品位引向新时尚的潮流之中。

　　当今美国人的家庭居室开始不求虚、不讲形式，装修简单，个性
化突出，崇尚舒适实用。墙面大多只以油漆或涂料粉刷，或者贴墙
纸。极少软包，也少有人包门框。卧室很少装修，客厅以舒适为主，
书房追求敞亮和方便。最为重要的是厨房和洗手间，装修最为讲究，
设备务求齐备、洁净、适用、方便、舒适。

　　意大利也开始反思民居建筑史上的"悲惨时期"，20世纪50—80年
代人们匆匆忙忙、潦潦草草建筑了一片又一片住宅区，这类住宅建筑空
间狭小，与周围的环境很不协调，在拥挤不堪中令人窒息和身心失衡。

（1998年10月）

别有滋味在前头

——外国民居的风格

　　走马观花看世界各地民居，你会为千姿百态的建筑风格眼花缭乱，目不暇接。有的古朴灵巧，有的仪态万方，有的雍容华贵，有的古色古香，有的精雕细刻，有的粗犷豪放，神秘的、浪漫的、温馨的、前卫的……不仅可以发现民居设计造型在样式上的显著差别，也可以体味在建筑细部上的精微变化。这种差别与变化就是风格。

　　民居的建筑风格是一种凝固的社会文化，是深刻而直观地展示着人类的价值理想与审美追求的综合体。曾任美国总统的托马斯·杰佛逊也是一位建筑师。他认为，一种建筑风格能代表时代色彩和社会文化，体现美国的政治理想——共和思想。他还利用自己的影响与地位，在当时的美国极力推广罗马风格，将罗马风格中的共和精神撒向美国的东海岸。显然，风格源于时代和民族的特性，直接反映出人类文化及社会习俗的演变。

　　建筑文化学者徐方享、王瑜概括了世界民居当下比较完整的传统范畴与风格模式：

　　古典传统。含罗马风格、希腊风格、新古典主义风格、法国学院派风格。

　　古典文艺复兴传统。含乔治亚风格、亚当风格、意大利风格、意大利文艺复兴风格、法国第二帝国风格、法国折中主义风格、殖民复兴风格、美国风格、荷兰风格、西班牙风格。

　　中世纪传统。含英国风格、德国风格、法国殖民风格、哥特风格、古堡风格、史迪克风格、安妮女皇风格、辛格风格、马罗风格、都铎风格。

现代传统。含草原风格、工匠风格、现代风格、国际风格。

当代传统。含当代风格、棚屋风格、小型传统风格、牧场风格、分层风格。

尽管这五大传统、33种风格主要是就美国民居的现存模式作的分类，但也可以由此一窥民居风格及其演化的多姿多彩。

美国是一个新兴的移民国家，全世界移民会聚于此，安身立命之际，也把自己国家和民族的民居样式和风格移植到美利坚辽阔的土地上，形成风格最为丰富的民居博物馆。若要领略原汁原味的民居风格，还应实地深入世界各有代表性的地区。

俄罗斯，许多居民都拥有真正意义的乡村别墅，这是前苏联政府为人民提供的福利之一——在乡村分配一小块土地建别墅。乡村别墅各有特色，矗立在碧绿的庄稼地或茂密的森林之间。通常是前有花园，后有泊车位，四周围上木栅栏，装饰着古朴而别致的园门。俄罗斯民居的内部正悄悄发生着变化。一批俄罗斯商人以新贵的身份涌至乡间，或置地大兴土木，或购屋重新装修。有的在客厅里装上考究的壁炉、波斯地毯、意大利家具，一应俱全。俄罗斯人每年都要粉刷自己的别墅，今年用粉红，明年改天蓝，在夏日的阳光或冬日的白雪映衬下显得楚楚动人。

欧洲民居特别讲究环境的优美与光线的通透。临街的一面都有宽大的落地玻璃。建筑物的外观形象，立面处理，色彩构思，门、楼、梯、窗、檐、廊、桩的设计绝少雷同。大多是房主从实用、生态、审美的角度提出要求，请建筑设计师专门设计的。不求天长地久，但求风格独有。

非洲民居给人强烈的反差。省会以上城市的大量豪宅与欧美富人的宅邸相差无几，而真正的原始部落则堆积着大量当今世界最为简陋的栖身之所。中部非洲最常见圆木支撑的"蘑菇顶"草房子——用竹子和树枝编织的筒状框架，糊泥于上，稍干后在顶部铺上莠草、芦苇

等植物，呈圆锥形。室内昏暗，光线来自狭窄的门洞。大小酋长的住屋格局相同，规模陈设差别却极大，但都凝聚着所辖部落的历史与文化，在古朴原始中隐含着神秘，表现出在险恶生存环境中顽强而坚忍的生命力。

风格源于时代和民族的特性。外国民居在建造风格上千姿百态，首先源于文艺复兴带来的追求个性解放的精神基础。其次离不开必要的技术物质条件。第三，也是更重要的因素是建筑师不囿陈规的特立独行。

风格即人。20世纪是建筑名家辈出的时代。建筑艺术的个性与天才不仅体现在一些人所共知的公共建筑上，如埃菲尔铁塔、悉尼歌剧院，同时也凝聚在倾注其才情与个性特色的自用住宅上。尽管那些房舍有的名满天下，有的养在深闺，但那独特的魅力是多么迷人啊！

（1998年10月）

人居相依更宜人
——外国民居的变迁

　　追溯世界现代史的发展脉络，我们可以肯定蒸汽机是一个重要的分水岭。工业革命促使了真正意义的现代民居的诞生。

　　从社会意义的层面而言，现代资产阶级革命打破了等级森严的身份级别。过去只有王公贵族才有权享用的官邸豪宅，新近发家的资产阶级也开始有权问津。特别是经济上的发展也使这种改善居住的权力成为可能，一部分从城市的贫民窟和乡村简易棚舍里挣脱出来的成功人士，开始构造属于自己的体面而舒适的房舍。

　　从建筑行业的观念解放与技术进步而言，这种合理的、适当的要求已成为可能。一方面，世纪之交涌来的西方文化新潮流，给建筑文化和观念带来了一场深刻、剧烈、广泛的突变。一些著名的建筑师公开宣称"建筑学是时代的一面镜子，过去从来就是宫殿庙宇的建筑学，我们今天要把它变成住房的建筑学"。现代建筑师不仅旗帜鲜明地把建筑从云端上的艺术之宫拉回现实的尘世之中，而且身体力行投身民宅的设计与建筑工程中。另一方面是技术进步带来的福音。房屋建筑中钢铁结构的采用，水泥和钢筋混凝土的广泛应用，建筑力学、结构学的进步，使房屋的跨度、高度不断扩展，住宅建造的成本降低，工期也大大加快了。

　　经济、文化、技术的变革，有如温度、阳光和水，使具有现代意义的普通民居如雨后春笋般茁壮成长。如德国哲学家海德格尔感叹的那样：人，在大地上诗意地栖居。

　　国际上大规模建设个人小住宅与新城镇的建设相伴随。首先发动于最早发达的英国。19世纪中叶，当时世界上最大的城市伦敦人口即有200万，50年后增至450万。为改善城市中心拥挤肮脏的工人居住区，在英国产生了两种改革的观点。一种以在白色教堂中做救济工作的亨丽埃塔·巴尼特女士为代表，提出"花园郊区计划"，主张将城市向外扩展，建设花园住宅区；另一种以在法院当速记员的埃比尼泽·霍华德为代表，提出"花园城市计划"，即在远离城市的郊区建设一连串的"花园城市"。1902年霍华德出版专著《明天的花园城市》，更为周密地阐释自己的主张，设想建设一些小镇，镇上开辟一些工业和其他工作岗位，居民可以就近居住、就业。住房舒适宽敞，接近自然，阳光充足，空气清新。人们有权在这种花园般的环境中工作、生活。霍华德还和他的支持者集资在伦敦以北56千米处建设了第一个新镇——莱曲华斯，占地4 598亩（1亩=666.67平方米），人口9.3万。

1945年第二次世界大战结束，当时伦敦已千疮百孔，成千上万的士兵从前线复员回家，住房奇缺。在这种情况下，建设新城镇的思想得到大规模的实现，在伦敦乡村及其他城市郊外，大批小住宅如雨后春笋，蓬勃生长。

20世纪六七十年代，英国城市经历了高层住宅楼的兴起与衰落。经过比较和选择，许多英国家庭从"高处"回到"平地"，住进小楼成一统。一般每个家庭拥有两层的楼房，内有2~3间卧室，一个客厅，一间厨房，1~2间浴室。屋子的前后分别有一个小小的花园。这些小楼有的是独立成幢的，有的是双排并连式的。城市地区还有大量临街而建的排屋，其内部结构与连排式相似。排屋在英国城市成为一道独特的风景。每户红砖盖成的屋子与后面一块绿色的园子都大体相似，外人难辨，区别仅仅在花园不同的鲜花和树木上。但从居住的角度看，每户都拥有一座房子而不是一套公寓，有独立的楼梯和走道，满足了英国人尊重"个人天地"和喜爱"接近自然"的性格与需求。20世纪80年代以后，高层公寓的建设更是一落千丈，不少地方开始拆除房龄未到的高层公寓，将它们改建为小楼住宅。

瑞典的民居建筑也经历了与英国大同小异的变迁。19世纪前，贵

族地主独有的府第都以法国为榜样，追求奢华。而中下阶层只能在茅舍、窝棚度日。一般的工人家庭在公寓里租住一房一厨栖身。教士、官员和城镇居民则采用双向入口的农舍式加以扩大，增加烟囱和房间。

随着城市中心地带密度增高、环境污染，上层阶级开始迁出城市，紧挨着城市外围建起了第一批独户住宅。随后，住宅区愈来愈远离市中心。

总而言之，欧美各发达国家，自第二次世界大战以来，由于经济的发展与复苏，住宅建设经历了一个从"无"到"有"的阶段，每户平均拥有住宅已超过一套，接着又跨入"坏"与"好"的阶段。住宅建设和设计从单一建设学向社会学、心理学、生理学、行为学、人类工效学、环境学的多学科综合方向发展，充分考虑节约土地与节约能源，新住宅区开发和旧住宅区改造同时并重；注意住宅的近远期结合，重视住宅建筑的标准化与多样化，充分应用科技进步的成果。随着城市发展、社会构成和民居实态的变迁，民居大步向高品位、现代化方向发展；结合各民族和地区的自然、社会、人文条件及风俗习惯，在标准化的基础上提供多品种、多类型、多档次的商品民居；在民居的平面、空间、体形、结构、立面、色彩、装饰各方面充分体现丰富多彩的民居风格及地方特色，同时又给用户创造出外置和美化室内外环境的余地，从而反映出其国家和地区的精神风貌。

（1998年10月）

小屋

十多年了，我依然走不出我的小屋。

清晰地记得，从大学的"鸽子笼"里第一次振翅社会，落脚在一所临江的中学。黑瓦白墙的校园，颇有电影《早春二月》描绘过的意境，栖身之所却不那么浪漫。学校礼堂旁四间高窗的小方屋，塞进了我们一同来报到的"四条汉子"。我教的语文课本里有两句话，恰如其分地概括了此屋的形状："从门到窗子是六步，从窗子到门还是六步。"于是经常调侃地引用。

小屋并不闭塞，时髦的改行风吹得人心旌摇动。眼见得同道们一个个"跳槽"，年轻好胜的我自是不甘寂寞，于是转到县委通讯组当了一名"土记者"，在"希望的田野上"奔忙着，采访，发稿，自觉风光潇洒。可晚上休憩在小屋，却有些说不尽的冷清。这次住的是由工棚改成的临时宿舍，四壁透风，潮湿而阴冷。

后来，唱着军歌迈进了兵营。先是寄居在一位退休老首长的填满杂物的小屋，后来好不容易乔迁"新居"，却客堂、卧室、餐厅集于一屋。喜得"内务条例"洗礼，一改往昔杂乱无章之恶习，蜗居竟也拾掇得清清爽爽。来者无不夸赞"小而不乱"，叹到底还是"军人"。

人生最神圣的庆典——婚礼，我也在小屋完成。两人行不比一人居，嘴皮磨破房无着。所幸妻单位"比翼楼"竣工，凭结婚证红本本硬挤进去"开了业"，虽家具一律微缩小型，一间"铺面"却依然显得狭窄。即便添了一口"千金"，却仍与宽敞居无缘，逼得我和妻签订了"绝不随便添置大件"条约，充分合理地利用每一寸"土地"，学会了在"螺蛳壳里做道场"。

去年，举家"荣迁"省城某大单位。嘴上无话，心里头却盼时来运转，一家子有个像样点的窝。结果，"窝"是有了，只是更像窝了。蛰居在一幢七层高楼的底下，不是一层，而是一层之下，与大地紧贴，真切地感受着季节的律动。

常常仰望拔地而起、鳞次栉比的幢幢新楼，很是羡慕那宽敞明亮并点缀着绿意的阳台。观瞻亲朋们那装修得或富丽堂皇或清新文雅的新居，总幻想着有一套属于自己的房子，哪怕临街嘈杂，哪怕顶楼或底层，哪怕结构"很不合理"。幻想破灭，有时便牢骚顿起，对那些倚权仗势为儿子甚至孙子谋房的丑类。每每希望萌生，为房改那充满诱惑的空洞口号。

更多的时候，感觉小屋宁静而安详。我在小屋里度日，爱情在小屋里成熟，女儿也在小屋里悄悄地长大。小屋因为紧凑，绝无空坪隙地出什么隔阂和疏远。一家人在耳鬓厮磨之间，滋生出许多浓浓的甜蜜与亲情，小屋溢满温馨。

从某种意义上，我感谢小屋。

（1993年春）

假想新居

　　种种原因，我至今蜗居在71.5平方米的老房子里。当我的同事开始大举乔迁之际，当我的朋友已有第五套别墅，当我的晚辈也堂而皇之搬进宽敞阔气的新楼，我大概有阿Q的遗传基因，心安理得，知足而乐观。

　　向前看，我们全家曾在10多平方米的空间其乐无穷。向后看，改革开放20多年来，我本人就搬家不下10次，越来越大，越来越好。未来20年，预计还有一两次改变。

　　话虽如此，我对于幸福生存和优美空间绝非无动于衷。经常在遐想中构建自己的新居。我宁愿远离市区，尽管对"无车族"的工薪阶层而言，有些奢华和不切实际。最好依山，碧绿的森林从屋的四周无边无际地延伸，森林上空有各种鸟类掠过的优美曲线；最好临水，一池绿水蓄满轻柔的白云，还可以照见小屋的倩影；最好有一两户不远不近的雅邻，谈笑有相知，往来不陌生。

　　我的空间不能被无关紧要的饰物侵占。我信奉建筑大师密斯的格律：少即是多！多一点空间便多一点自由与想象的浪漫主义，尽可能保留与拓展空间。在城市的局促狭窄的缝隙里偷生的紧日子受够了，在属于自己的小天地还来些一层紧接一层的套顶，悬挂在日常的生活上，还要用文化墙、酒柜来挤压舒展的范围，实在是自己与自己过不去。我受够了灰暗的日子，而江南的梅雨天气夹带而来的阴晦，每每感染着情绪。我预想可以用光来改变。如果窗边的墙体不承重，我要扩大，尽量再扩大，至少阳台要装上落地玻璃，追求一种通透的光与影，无遮无碍，让我的视线穿越俗物与俗念的迷雾。在缺乏自然光的时刻，让灯光营造出层次与变幻的效果，照度应首先适应情绪的流动，而不是以往仅仅调试到视觉的舒适感，更不宜造出金碧辉煌的虚华。

一劳永逸的想法是多么幼稚，为未来预留点空白。字画、盆景、陶瓷、窗帘，还有随意性的软装饰，根据心情、天气、季节、来客添加置换。工程与动作不大，却可以为人为己营造出意外的风景。

如果实在要有装饰，我欣赏欧式的铸铁和中式的木雕。这种结合体现了反差与对比的趣味：中与西、硬与软、古与今、冷与暖，科学的精密与艺术的融通，时代的立体与历史的纵深。最为奇妙的是其共有的镂空与通透技艺，使空间的流动与交叉成为现实的可能。

更关注的是建筑实体本身。材料，环保型自然味将是我的首选，《芙蓉》杂志主编肖元先生在此主题上发挥到了极致，让人叹为观止。整个屋室主动回避了五光十色、无处不在的现代装饰材料。肖家用的木材是本地出产未经加工的梓木，墙面采用十分普通的清水砖，书房的转椅是一兜加工后的树桩。据说迷你宾馆中欧贵宾楼也是全部用的环保型材料，不过悉数从北欧进口，每平方米造价在万元以上，我等暂不可望其项背。但易损部位应挑选耐用材料，实现5~10年的设计预期。细部浓缩了我等凡人小民的精彩生活，譬如诗情，譬如画意，譬如亲和，就在这些不经意的区区之地潜滋暗长，把坚硬与冷冰的材料处理出轻盈柔和的质感，在复杂和虚幻的模式中牵引出简明与美感。

色调我偏爱沉着与明朗。比如黑色胡桃木的书柜，在一应明亮豪华的家电的对比中必然现出档次与格调，对视中仿佛面对儒雅的大师，浮躁与纷乱愧然消退，静净相生的境界就这样如梦如幻。

居室的装修是严谨的手工劳动，是技术与艺术的结合。严丝合缝、平整光洁只是表层的要求，进而应该接受时间和使用的多重考验。比如在春夏秋冬的寒、暑、干、湿的多种条件与环境中检验技术。第三境界则是艺术的感觉了。比如你站在经典与大师的面前，尽管无人介绍，凭直觉就能感受一种与众不同的超凡脱俗。

（2001年2月）

我爱我家

新居其实是旧屋，屋龄在十年以上，是20世纪90年代的产品，整旧如新的装修改造工程于2001年11月7日进场，第二年3月17日完工，工期为4个月零10天。

从寻找装饰公司开始，主人便陷入一种创造的激情与耗神的劳作之中，平面图、效果图、修改图，在时紧时缓的施工中，空间由虚幻粗糙到明晰精确，渐变渐美，渐渐在设计师与主人的理想之间靠拢。

餐厅造成的第一印象是别致，别致的清水砖墙、嵌入的窗花格、国画大家的写意鳜鱼图，酿造了农家质朴而恬静的韵致，生活的清香就在这些似曾相识的什物间弥漫。

过廊尽头，与大门遥相对应的是毫无挂碍的粉墙，粉墙的正下方静伫一张黑色香案，造型稳重而线条流动，无言地绽放着少许清醇。蓝白相间的青花瓷坛居中独立，光洁如玉，映衬出一种幽雅与深邃，摆设的焦点收束着几多陌生与浮躁的目光。

稍许侧身，便要经受视觉与感觉的跌宕，客厅北面15平方米的落地大窗，把一幅大自然的画卷展开来。窗外的烈士公园，正是春天的时候，蓬勃的香樟环抱着粼粼的波光，春池被风吹皱，心情却格外地平和与舒畅。

客厅另一面是整版书架，大手笔的造型和粗线条的架构，与40平方米的宽阔相得益彰。齐整的书卷散溢出丰富与厚实，暗示着主人的身份与偏好。

书架中间开口处又是大面积的清水砖，连同一处方柱的清水砖饰面，这个特定的符号已在不同的位置反复了三次。不同于所谓文化墙的一次闪亮，也不同于省时省事的陶瓷贴面砖，显出整齐划一的虚假。砖是从主人老家的旧宅运来的，先后两次，约计800余块，一块一块从砖堆里挑拣出来，然后又一块一块地切割打磨，在主人的指导下完成的砌体，古拙自然。值得一提的是砌在墙基脚的一排手掌印清晰的老砖，陡然把人的思绪引向历史的深处。

故事不止于此。比如窗花格，花80元从清水塘古玩市场淘出来的，乍看很不招眼，再看颇有古意，尤其是木格无始无终的盘肠纹图，象征着圆满与吉祥。而另一处木雕组合，以飞禽走兽为题，精美细微，活灵活现。

其他各类饰物，工艺成分轻，艺术含量重，尤为可贵的是与主人的种种关联。女儿属龙，房间的盘龙木雕，是纳西族小伙子何雄生的杰作，背面镂有纳西的文字。书房的国画是方塘主人的手笔，题为《寻思百计不如闲》，古意与禅意淡出，规约着读者的心绪。

看得出主人对光与影的钟爱。扩大的窗户都装着阔大的透明或磨砂玻璃，近百盏造型各异的灯以高度和亮度映照不同的区域深浅，隐隐约约的光影带出层次、距离和一览有余的神秘。书房的两盏罩灯颇有点舞美效果，垂直到书桌上方，映射出3个重叠的光圈，聚集在刚刚翻开的古籍上，虚化了视点之外的物象——那些有可能造成干扰的

← 新居效果图

屋之品 | 075

因素，帮助读者虚化身外和心外的世界。

主人是一位建筑文化爱好者，居于懂与不懂之间，许多理想化的构思每每让设计师作难。"少即是多"的理念，引起对最初设计的许多减法。偶尔迸出一两个智慧的火花，比如餐厅与客厅间的过梁，被他设计得厚重而稍稍低矮，使人通过之后产生豁然开朗的奇效，实在是借鉴了赖特钟爱的戏剧化的建筑效果。

诸如筒灯的磨砂内罩，柔和的哑光显然比亮光稍胜一筹。比如地板的沉着的色泽与环保品牌，坤缅铁樟正好适应了长沙湿润的空气。而以原木为主体的家具，则是在井湾子、宝马、南湖、三湘四个大市场及金海马、当代、格聿等家具店踏破铁鞋后的妙手偶得。家，在牢固与经济的层面上拥有协调环境与主人家情趣的审美。这些凝结着主人心血与智慧的空间与实物，才会滋生一种可触可摸、妙不可言的安逸与幸福。

（2002年3月28日搬家前夕）

基本原则

适用、环保；经济、个性；沉着、简洁。

1.适用主要指方便舒适，也包括耐用；包括各种功能性的线路与接口，也包括保洁与维护的便利。

2.环保的本意是整体的环保，不堆砌材料，保持室内良好的通风采光，同时要尽可能选用新的真正的环保型材料。

3.经济主要是节俭，不奢华，不铺张，造价总量控制。

4.个性的要求是符合户主的职业身份特征，给人留下耳目一新、难以忘怀的印象。

5.沉着是个性化要求的延伸，不能漂浮无着，也不沉着到给人压抑感。

6.简洁仍然是个性的延伸，简洁不是简单，是明快，是通畅，是阳光的照临。

以上和以下所有重复矛盾之处一律以基本原则为准。

具体要求

1.设计。充分尊重人居的基本要求，营造整体的效果，考虑户主的职业与个性特征，考虑环境的特点，营造若隐若现的装饰匠心。粗看四白落地，沉着简明，细看出乎意料，意味深长、耐看、可品。

所有房间均不吊顶，可走必要的边线、脚线。客厅的梁做恰当处理，淡化其突出惹眼的缺点。

以几何图形块面和直线装饰为主，辅助曲线和弧线，作为调节和点缀。重点突出窗的效果，大窗临近烈士公园湖是本套住宅最大的特点，是可以出彩的创作园地，借景之利要用好、用活、用足。把湖光山色引进来，把自然的清风引进来，把温暖的阳光引进来。

2.细部。细部应特别讲究。可以考虑做一两处体现建筑色彩、质感特征的装饰。可以考虑用适量的金属，如铸铁铁艺、铜饰活跃气氛。还可以略以石雕的局部装饰。

客厅不做文化墙，拟以整面西墙做书架，留出电视机的位置。开放时有特殊的书卷气息，封闭时以推拉门或者布帘挡灰与隐蔽。两端以特殊规格摆放工艺品或异型书。

3.功能。三口之家。一位公务员，嗜书如命，手不释卷，藏书近万册，应有专门的书房。书柜可顶天立地，专设电脑桌椅。

一位大学教授，业余学习备课时间多，女性活动的特征也应考虑。书房有专用的活动区域，主卧室阳台设梳妆台，以自然光保证化妆的准确。留足衣柜，设置穿衣镜。

一位中学生，要有专门的卧室兼书房。通过相对活跃的色彩与造型透出青春的气息。

杂物较多，要有专门的储藏空间。

卫生间和厨房是生活的重点区域，要考虑卫生、耐用、舒适。是否安装浴缸还要斟酌。餐厅要预留安装电视机的位置。

4.色彩。栗色、白色为基本色调，少量黑色的边线。可以有红色作为对比和点缀。地板、门窗、家具一般采用黑色胡桃实木。地脚边采用黑色大理石石材。

5.采光。因为房屋的进深较大，自然光损失较多，要特别注意采光，避免新的损失。顶灯少装或者不装，预先考虑更换灯泡、灯管的频率和难度，多装壁灯。保证必要的照度。最好请光学专家根据面积计算出准确的数据。

6.材料。环保型材料为无条件首选。地板，餐厅、卫生间采用石材或镜面砖，客厅、房间用木地板，具体是选用实木还是复合地板，听取专家意见。门、窗、书柜、储藏柜等根据房间的布局和尺寸现场制作，一律采用黑胡桃木。栏杆以金属铁艺为骨架，配实木扶手。局部可采用少量铜饰、少量清水砖。容易磨损的局部采用耐磨和相对高档的材料。开关、龙头采用知名品牌。原有的旧家具特别是部分木料尽量废物利用，以减少浪费。石材的辐射浓度须经过卫生和质量监督部门的检测。

7.配件。与整体的风格和造价相协调与吻合。煤气灶选用自动熄火关气的一种，以确保安全。隐蔽工程的配件一定要确保质量。

8.个性。个性是装饰艺术的生命，是技术与艺术的分水岭。当技术的使命完成之后，便上升为艺术。一个书香之家，一个清明之家（并非清贫），要有书卷和艺术的气氛，设计藏书和藏品摆设的必要区域和位置，又要恰到好处，似有似无，若隐若现。

反对烦琐错杂的伪古典主义。

反对前卫离谱的超现实主义。

反对千篇一律的借鉴和抄袭。

其他事项

1.在确保质量的前提下科学合理地安排工期，不搞"献礼"工程，不搞"胡子"工程。

2.在工程造价资金总额控制的前提下，按照经济、适用、安全的要求确保质量，工程预算请有关专家审核。

3.实行设计、施工、监理三分开的原则，分段负责，各负其责，严格验收。

4.认真执行中华人民共和国、湖南省人民政府、长沙市人民政府有关建筑和装饰的法律法规，注意遵守住宅小区的有关规定。

（2000年10月7日于袁家岭双香楼老屋）

▍装修札记

　　近些年，差不多每个家庭都与房屋有过一次亲密接触。大家都怀揣着梦想而来，经历过一段不堪回首的艰难日月，最后带着喜悦和一点点遗憾住进了涂抹着自己艰辛劳动的新居。我也一样，不过多了一份体验生活的心态，想在留下一个物质空间的同时，还留下一份精神的档案，把得失甘苦通过录音录影记载下来，让相关的过程和故事尤其是感悟不至那么快就随风而逝。

　　1.设计是装修工程的灵魂，是整个过程成败的关键。找到好的设计工作室和设计师等于成功了一半。什么是好的，好只能是相对而言。比如在注重商业收益的同时，还有一点文化情怀，还有一点敬业精神，还有一点合作态度，还有一点理解能力。出名的装修公司不一定是最好的。

　　寻找的过程是一个比较的过程，也是完善自我思路的过程，最好不要"一见钟情"或"一见定终身"。多谈，谈透，可以算最好的沟通方式，完全的理解是不可能的，只好尽可能减少理解中的差异。

　　谈了三四家，最后谈到艺筑。设计师的意思是通过共同的创造来完成一件属于户主自己的作品。既要有鲜明的个性特征，也要能被时代和社会认可；既张扬材料自身粗犷、淳朴的原汁原味，又不至于过分，使精致的生活也变得粗糙，恰到好处，适可而止。对我的点缀一些显现建筑材料质感的想法他也表示了认可。

　　2.装修的最高理想是个性。模仿是不足取的。那样，走进你的家，如同走进任何人的家。这还是次要的。个性是自我的关照与安慰，是性情的舒展与契合。那样的时间和空间，只适合安慰你独特的灵魂。

用什么来表达个性呢？可以是空间的组合与分割，可以是色彩的对比与协调，可以是家具的独特新颖，可以是字画、摄影、图片、古董的展示，花花草草也可以显出你的绿色品格和情怀。

我从老家搬来800多块清水砖，点缀有些空阔的墙面，一下便给出了定位。

3.对设计单位一开始就不能迁就。必须有详细的工程预算，必须有完整的平面图和效果图。这不仅仅是维护客户自身利益，也是为确保质量。我的新居，只出了客厅的效果图，省略了书房、卧室的，结果留下了隐患。家具的色彩出了败笔，修改也来不及了。

4.还有什么地方比读书人的书房更重要的呢。两盏圆柱形的筒灯，吊挂到书桌的上方，省略了台灯占去的桌面。光圈不大，集束投射在黑白分明的文字上，犹如沙漠绿洲般的一片光。读书作文的时刻，灯光所及便是我的全部心智天地。密集的光束达到了精骛八极而心游万仞之效。

5.一劳永逸的想法是天真的。甲方必须对自己的百年工程负责并负责到底。最好有一份文字的装修意向，把原则、要点、细节陈述清楚。必须把握整个工程的进度。材料不论是包工包料式，还是自我负责式，都要亲自到场。施工中的现场修改和调整必不可少，看到毛坯和大样便基本知道是否适用，是否合意。只要不伤筋动骨，坚决改，马上改。

6.建筑材料是一门学问。关键词是环保、质量、价格。鲜艳亮丽的石材，辐射肯定超过朴实无华的。油漆、大型板都是可能发生环保问题的隐患。

委托施工单位的确省事，但不一定中意。以顶灯为例，内罩有亮光的，也有磨砂哑光的。请人去，肯定买来亮光的。说不定他们还要邀功。而我自己比较后发现了差异。

7.隐蔽工程也是施工的重中之重，一点也不能马虎放松。隐蔽工程又是最容易偷工减料的地方，往往做得马虎。

8.施工队多是游击队，但也有地域的色彩。业内的排名一般是：广州师傅、浙江师傅、湖北师傅、湖南师傅。

工程队的通病是前紧后松，虎头蛇尾。

9.建筑监理并不是高深莫测的学问。人人皆可自学成才。

10.装饰要讲究可持续发展。为未来的心情、灵感、财力和收藏预留一些空间。让别人和自己都有一些悬念、预期、可以想象的变化。让空间的流动成为可能。

11.像所有的艺术创造一样，装修也是遗憾的艺术。本来打算赶时髦的，结果依然落在时髦的后面。本来尽了十二分的努力，结果这里那里还有各种缺陷。其实，生活中从来没有十全十美，遗憾是绝对的。有人说，刚刚积累了经验，立马就用不上了。其实，再给一次机会，你照样要留下遗憾。既然如此，我们还是赞赏自己的劳动罢，宽松和愉悦是新居室里最高雅、最优美的色彩和味道。

（2000年5月）

3

城之韵
CHENGZHIYUN

凝固和流动的交响

——云南丽江大研镇访古

"建筑是凝固的音乐。"一句论断，天才地把两大艺术门类巧妙地结合起来，而丽江古城，则对它作出了真实而生动的诠释。

大研镇的纳西古乐会每晚一场，街对面的东巴宫也出演着大体相似的节目。灵魂人物非土生土长的民族音乐家宣科先生莫属，他指挥一支30人左右的乐队，乐手的平均年龄在70岁以上。那些老人须髯飘白，皱纹重叠，古铜的肤色是高原充沛阳光的留照，也写满世事的沧桑和岁月的变幻。他们如雕塑一般端坐在舞台上，纹丝不动，昭示着对艺术的敬爱与虔诚。经历1 200多年的古老乐音，像高原上清明的溪水，缓和而从容，以看不见的力度从心底的岩层流溢出来。从这个角度看，音乐是凝固的。

另一种被喻为凝固音乐的形式，反而呈现出流动的状态。丽江古建筑群之庞大、完整、古旧，在全世界范围也属于奇迹和幸存。因而被联合国教科文组织世界遗产委员会评定为世界文化遗产，将与雅典、京都、巴黎、比萨、威尼斯这些伟大的城市一道名垂青史。

令人惊异和适意的是，在古城的街头巷尾，找不出一幢现代建筑。有的已经斑驳老旧，有的明显倾斜，即便是必要的整修，也都整旧如旧。在当下玻璃幕墙、钢筋水泥混合下的"欧陆风情"与"国际风格"几乎快要混淆所有城市个性特征的潮流中，大研镇颇似一位道行高深的隐士，固守着似不合时宜的老派，看不出今人凭新材料、新技术的"作秀"。徜徉于纵横交错的街巷，很容易让人忘了时间，忘了季节，忘了年代。

站在历史与地理的高地作一番俯瞰，大研镇被丽江（即金沙江）三面环绕，得天独厚占据了一片辽阔而平缓的高原，成为滇、川、藏三省物流与人流的中心。四周围是遥远的青山，中间有潺潺的流水。在西部的藏族、南部的白族、东北部的汉族文明的强势影响下，纳西民族不得不学会周旋、增长智慧、学会宽容和接纳，城市和建筑只好作形式上的妥协。纳西建筑的独特风貌在时间和外力的双重侵蚀下渐渐成型。比如土木结构的墙体，显著借鉴了藏区居民的构筑方式；而屋顶又不同于藏屋的平缓，也不采用木板覆盖，更多是受到以徽派建筑为代表的江南民居的影响；但平房、明楼、妹楼三种基本的建筑格局，以及由此衍生的骑厦楼和古宗楼，建城而没有城墙等等，无疑是特属于本民族的建筑风格。

我们曾经为岳阳楼不用一颗铁钉的榫接结构骄傲，而大研镇的每栋楼宇以至整个城市，都通行着这一神秘而伟大的技艺，正是被流行建筑学视为落后与土气的木结构建筑，经历丽江历史上多次地震，依然坚定地屹立在大地上。

具体分析丽江民居的特色，可以用三句话作鲜明的概括："三坊一照壁，四合五天井，走马转角楼。"宅院既有北方四合院的风韵，又有江南水乡活水环绕的情调，无数个大同小异的院落组合变化出古城的广场、街道、铺面。丽江民居是可以细细品味的，开口各异的门脸，形状多变的瓦当，充满动感的脊角和飞檐，精雕细刻的梁头、柱脚、窗户、栏杆、花牙子，特别值得一提的是木雕的悬鱼，寄托着避火平安的希冀，表达着"年

↓ 云南大研镇

年有余"的追求，同汉族建筑文化中的暗示手法十分接近。

但古城绝不是凝固的，看不出保守和衰颓。人流和水流一起涌进入古城的街口，洋溢着激情与活力。如果是初来乍到的外乡人，的确容易在纵横交错的街道迷失，但掌握一个秘诀，即找到充耳可闻的哗哗水流，逆流而上，肯定可以回到出发的起点。清澈而湍急的泉水，穿街过巷，穿街过屋，高原水乡的美景赢得了"东方威尼斯"的美誉。丽江街道的路面大多铺着五彩的花岗岩石条，经过千百年已经磨洗得平滑而光亮，晴不生灰，雨不起泥。古城给排水系统的完整与科学更是一个奇迹，四方街广场可能是世界上唯一具有自动冲洗系统的广场，设计者让其中间微凸，边脚凹下，广场上游的河道设置专用的水闸，每到傍晚收市，关上水闸，河水上升，漫过整个广场，流到四周排污水的暗沟，暗沟同广场四周铺面后院的下水道连接，四方街每天都经受一次天然的洗礼。

文明的变迁和移动，才是牵挂千里万里之遥人们思念与向往的根源。正如老黑格尔所示："真正不朽的艺术作品当然是一切时代和民族所共赏的。"丽江古城的艺术价值，更多地集中和凝练在建筑之中。它不仅是建筑的文脉，更使许多建筑的理想在这里找到支撑。其一，城市在完成"实用""坚固"等形而下的任务后，要有"美观""和谐"等形而上的追求；其二，城市和建筑的美不仅要求宏大与优秀的公共建筑，城市的整个环境乃至建筑最琐碎的细部都应该是美的；其三，每种艺术作品都属于它的时代和它的民族，各有特殊环境，依存于特殊的历史和其他的观念和目的。正因为其独特，丽江的"古"才散发出无可替代与难以估量的魅力与价值。

纳西古文明被该民族的优秀子孙以虔诚与敬畏之心所珍惜，他们分毫不懈地维护着祖先垒筑的人工纪念碑，又丝丝入扣保留着音乐数百年乃至上千年的原汁原味，使古城的时空多了两颗精神的活化石：音乐——凝固；建筑——流动，交响着独特的韵律。那是人间的天上，是传说中的香格里拉。

（2001年10月）

永不回来的风景

那是个平淡一如往常的下午。听涛山的秋叶熟透了，片片鲜红像旗帜一样飘扬，不远的淡绿和较远的苍翠群山，被对比得更加沉郁而静谧。向阳的坡上，停憩着一位大师的灵魂。

颔首遥望，那是沱江镇依稀的侧影，南华山和镇上的亭台楼塔勾勒出天际线的旋律和神韵。那便是我们从前在画片和散文里亲近过的"边城"。往前是贵州的地界，再往前是云贵高原的十万大山。

凤凰县城和她的芳名一样媚人。沿着曲窄的弯街斜巷漫步，就像擎一盏香茗，静候清冽的气味绽开。古旧、幽深、清明……意绪中的词汇不甘落寞地闪去闪回。自"从文故居"款款而行，要穿越几个季节、几个世纪。溢散于石板街上独特的符号语言与空间表述，似真似幻，如梦如歌。

沱江是如此澄澈，绿滩连着碧波几乎分不清边线，闲卧的几只舟子，恰到好处地充实了水彩画般的近景；吊脚楼是如此亲和，细长而歪曲的木脚，密匝匝倒映在水面，像一群微醺的弟兄；蜡染坊的做工是如此地道，蓝印花布上的图案点染出一种工艺的极致；腰门上探头探脑的黄狗，冷眼打量着——路过的熟悉或者陌生的人。那是在喧嚣都市绝对想象不到的风景。

但不知为何，那个有些阴晦的秋日下午，沈从文先生的那份情绪就不知不觉传递给我："美丽，总是愁人的。"

不仅是虹桥上举目可及的视野里，几幢与周遭极不协调的屋顶，马赛克外饰的刺目；不仅是旧城的石墙一段坍塌后的又一段坍塌；不仅是时光风化的威力下建筑空间特点的默默消蚀。哔啵作响的绝唱中，无可奈何的叹息细微得忽略不计。

任一种文化的遗存，总需有可触可摸具象具体的见证。那历史典籍中的一页页白纸黑字终归要发黄变脆。移交给未来的，总不能尽是愧对子孙的口说无凭抑或纸上谈兵。

应该如何判别这座小城的价值呢？一位新西兰诗人和一位美国的作家，在中国内地游历了近百座城市后分别选择了两座最中意的，两个人的答案里都有凤凰，而另外两个，一是江苏的苏州，一是福建的长汀。不能说这样的标准可作为真正的依据，但且不论绝无仅有，至少是不同凡响。

边城有幸。那片土地自然、雄强的生命力和纯洁朴实的人性养育了两位大师级的儿子。画家黄永玉以白描的线条给逝去的景物、远行的岁月和褪色的旧梦定格。而沈从文流淌着思索润泽的文字，就是古城的思想史和心灵史。

伫立在多翠楼的彼岸，我醒悟到那层愁人的意会原是发自心底的一份忧虑。作为承传着文化良心的当代人，能够冷漠地面对这弥足珍贵有可能永不回来的风景的散耗与遗失视而不见或者无动于衷吗？即

↓ 美丽凤凰

使挺身而出维护了城墙上一条麻石的位置与完整，也应该接受一份至尊至贵的致敬。

边城因其边和远，独拥有一份时间和空间的差距，得以在信息文明征伐而来的必由之路上以短促的呼吸来作一次悲壮的坚守，但那富丽堂皇的旌旗毕竟已渐近渐显难以抗御了。

从文大师选择了这处外来者无论水路陆路都必经的咽津，固守在听涛山的制高点上，那墓地颇似一个阵地，而他慈爱的目光与倔强的严厉，令那些心虚者不敢正视。暮色愈加苍茫了，那五彩的花岗岩墓碑微微泛亮，晚风中平添一丝暖意。

凤凰又是一种神鸟的名字，若能在火中涅槃，永存的必是华美的羽翼和高贵的品质，我想。

（1998年10月20日 ）

哲意与诗情的漫步
——关于湖大建筑与景观的随想

1925年12月29日，湖南省政府首次公布湖南大学学区学界："东自朱张渡江边直下，抵麦子园弘道中学北界；南自朱张渡、赵洲港溯流而上，经张家坝、刘家坝，过寨子岭山麓之樟树槽门，至半边街，过董家老屋后山，直上桃花岭；西自桃花岭过十里坳，上云麓宫，经禹王碑，至景福寺后山；北自江岸弘道中学北街起，经月形山、长坡、告乏坡，过二里半，经道坡，至景福寺后山。"

《湖南大学校史》第177页

（一）

如果一位湘籍学人，在遥远的异地触发了联想库中"湖湘文化"

↓ 湖大老图书馆

的关键词，他的记忆与信息的全息图像里，肯定会链接到岳麓山与湘江的影子，蜿蜒起伏、葱葱郁郁的树木，枫香环抱的古刹红亭，也许或者肯定要定格在岳麓书院。

岳麓书院是湖湘文化的骄傲，而它首先是属于湖南大学的。它的资历：1026年，足以迈进世界上最古老高等学府的队列；它的建筑：古朴、儒雅、清淡，浓缩了湖南地方建筑的精华，是一幅迥异于宫廷画与民间画的文人的丹青长卷；它承载着文化遗传的基因密码，每一重山门都展开一帘幽远的景观和境界。

岳麓书院以它炫目的圣光牵引来不绝如缕的虔诚，同时，也不无遗憾地掩盖了湖南大学同样清雅动人的灵光。

（二）

漫步在湖大的校园，是一次畅达而自在的行旅。停伫在东方红广场，四面是无边无际的林荫，任一方向都造成许多悬念和神秘。也许它是湖南最早向公众敞开院墙的单位，也肯定是湖南绿化覆盖率最高的单位。

绿荫从麓山之巅倾泻下来，流经校园建筑的岛，蔓延到碧透的湘江。深秋时节，透明的绿波则换了浓重的五彩，呼应季风的流淌。

东方红广场曾经在20世纪为长沙人引进了广场的概念。那个时代，五一广场实质是五一路和黄兴路的交叉路口，任何掉以轻心的浪漫或休闲都可能被急火攻心的人流或者车流撞碎。东风广场，以巨型的省会群众聚会闻名，实际上是专用的体育场。火车站广场的射灯与喷泉带给长沙人新奇感，但很快就被终结，异化了广场的实质，名副其实作了大型停车场。

东方红广场不仅仅演示着真正广场的概念，它还担负着更重要的角色。从云麓宫起始，经黄兴、蔡锷墓庐，至白鹤泉、麓山寺、蒋翊武墓、蒋公亭、爱晚亭、岳麓书院、湖大礼堂、图书馆、自卑亭、橘子洲，过湘江至天心阁，从天而降，横山跨水一条纵向的线索，铭刻着湖湘文化最深与最形象的经脉。从麓山南路至校办公楼平直延伸过去，则是湖大校园与历史文化的一道横轴线。近山的一半，是愈老愈美的矍铄与沧桑，聚集着众多古旧的建筑；滨水的一半，是青春与现代的清新与活力，复临舍、体育馆、胜利斋……向江堤、向平地上展拓。湖大的轴线与轴心，恰好与湖湘文化遗存最精华最显著的地理坐标契合。广场便成了圆心和焦点。

（三）

今天，在湖大提起柳士英（1893—1973）先生的名字，依然会有较高的知名度，湖大人多以肃然起敬的神情，来礼遇外来者和新来者对这位长者与智者的追寻。

举办一个盛大的著名画家的作品展览以揭示其艺术的特征是可能的；举行一场专题音乐会以欣赏一位音乐家的作品也是可能的。但要集中观赏一位建筑师的作品则几乎是不可能的。湖大校园，给了你这种难得的机缘和福分。花上半天时间，你将实现这种不遇难求的"柳氏建筑艺术之旅"。

柳士英先生在湖大工作生活了40年，给湖大留下了十余件不同凡响的作品：20世纪30年代的学生第一宿舍（今九舍）；40年代的学生四舍（今幼儿园）、学生三舍（今二舍）、学生二舍（今三舍）、静一斋、工程馆（今教学北楼）、图书馆、科学馆加层；50年代学生一舍、学生七舍、图书馆扩建、胜利斋、大礼堂、办公楼等。（杨慎初《纪念恩师 学习恩师》，载《湖南大学报》1993年11月25日）。许许多多已经老旧和变更的建筑及其名称，依然是湖大使用频率最高的名词和场所。正是因为柳氏作品的数量和质量，构成了具有特殊意义的连续性特征，造就了一种湖大独有的建筑趋向和建设风格。

（四）

"湖大的院子"为人称道与为己骄傲的内因，是一种不可言传的韵致和难以破译的磁场。似乎抽象，却又具体；有些古旧，历久弥新。

1925年，湖南大学筹备会刚刚成立，就把校园的规划当做头等大事。筹备会表现出高人一筹的远见：湖南大学是湖南最高学府，又是著名的风景名胜区。为避免军阀、官僚、资本家在此兴建别墅，以保持安静的教学环境及湖大将来的发展，必须划定学区学界。筹备会公推湖南工专校长杨少获主持其事。77年前的深秋，杨校长轻装布履，跋遍麓山曲径和湘江西岸，亲自勘测，确定了湖南大学"从朱张渡江边到景福寺后山"的学区学界。

湖大与建筑的特殊联系是与生俱来又与日俱增的。刘敦桢先生是与梁思成、杨廷宝、童寯齐名的中国建筑界泰斗，他们号称"建筑四杰"。留学归来后，年方28岁的刘敦桢回到家乡长沙，在湖南大学土木系任教授，除担任教学工作外，还设计了校内的教学楼，城内的古建筑"天心阁"。（杨永生、杨连生编《建筑四杰》，中国建筑工业出版社，1998年10月版）。并于1929年在湖大土木系中创设建筑组，开启湖南现代建筑教育之先河。

1934年，江苏籍学者、留日归来的柳士英先生就任湖南大学土木系教授，柳先生不仅在教学与设计上多有建树，还编著有《西洋建筑史》《五柱规范》《建筑营造学》《建筑制图规范》等奠基式的教材专著。

更值得书写的事件是中南土木建筑学院的筹建。1952年底，中央高等教育部在全国高校院系大调整中决定，撤湖南大学，成立中南土木建筑学院，由武汉大学、湖南大学、南昌大学、广西大学、华南工学院的土木系、建筑系组成。第二年岳麓山万山红遍的季节，川、滇、鄂、赣、粤、桂六省建筑专业的师生、设备、图书齐聚长沙，一时间群贤毕至，少长咸集，蔚为大观。尽管"调整"从整体上对湖南大学是一次肢解，但从局部而言，老湖大的土木建筑教育无疑赢得一次千载难逢的单科突进机遇，由此打下了极为厚实的根基。

依山临水的环境里，一群专业建筑师挥洒着才智与激情，在教书育人之余，以严谨的态度和沛然的诗情，营造着自己的学园，湖大校园的册页上开始留下一个个灵动而有形的音符。

（五）

还得回到柳士英先生。

浓缩与展示湖大最权威的图片，是一张许多人都熟悉的图书馆和大礼堂的奇妙组合摄影杰作。蓝天之下，丛林之中，体量巨大的建筑物庄重秀丽，横空出世。无论你从哪个角度接近这座建筑，都要为它不同凡俗的美怦然心动。

　　是色彩的和而不同。远远望去，普通水泥掺和黄泥、石灰、碎玻璃混合外墙，朴实厚重，显现了特殊建筑材料的肌理与质感，绿树、碧瓦、彩檐的组合，造就了明净、脱俗的生机勃勃。

　　是适宜长沙特殊天气下建筑外墙经久不变的尝试。室内装饰采用国漆红色与墨色对比的配置，金色点缀，"既存湖南楚汉文物的特色，又具有现代化的意味"（杨慎初先生语），绿色的官式琉璃瓦屋顶，与山势林色浑然一体，是细部的西风中韵。柳士英的作品特别注重细部，石雕的围栏，木雕的门窗，尤其是西式玫瑰园窗及窗内中式的花木檐，典雅而新颖，被誉为"柳氏圆圈"。

　　湖大新图书馆的楼顶，是拍摄和欣赏其全貌的最佳角度。稍微仔细地观察，发现微妙变化的屋脊曲线，凌空欲飞的重檐，像绿色海洋中振翅欲飞的鲲鹏。

　　解读建筑有许多固化的模式和标准。从美学的层面，侧重建筑的

→ 湖大大礼堂

体量、体形、线条、色彩、光影、声音、雕刻与细部等技术关系与社会关系的协调与平衡。而在建筑内部由空间的移位而产生的体验，才是本质的体验。进入礼堂的大厅，谁会面对这一天才的设计而无动于衷。一种吸引人、振奋人的东西油然而生，我们在精神上的崇高顿时与琐碎卑微拉开了距离。据说，礼堂建成后，被中南局的高层赞赏不已，很快就在中南局所在地武汉市克隆了两幢一模一样的礼堂。

《中国现代建筑史》以整版的篇幅推介了这一组作品，"这是地方特征很强烈的一组作品。湖南大学地处风景优美的岳麓山脚下，具有传统久远的岳麓书院。作者在这些建筑的设计中，充分考虑了这些条件。"（《中国现代建筑史》，166页。天津科学技术出版社，2001年5月版）。

礼堂与图书馆一批始建于1952年的作品，是湖大校园建筑的经典，也是半个世纪以来湖南地方建筑的最高成就。

（六）

载入《中国现代建筑史》的湖南建筑共四处。除长沙火车站和韶山毛泽东陈列馆外，其余两处都在湖大。与礼堂和图书馆可相提并论的也是柳士英的作品，建成于1953年的湖南大学工程馆。工程馆的设计，体现了尚简的现代思想。入口处四根支柱托起一面实墙，高耸的半圆楼梯强调出建筑的重点。其余部分统一在横线条的平整体量之中，表现出与内部相同的功能。

载入长沙市近现代建筑保护名单的有27处，其中湖南大学5处。它们的名字是：机械系工程楼、教学北楼、管理学院办公楼（老图书馆）、物理实验楼、大礼堂。今年暮春的下午，我一一拜访了这些年愈五十的长者。那些砖木结构的内廊式教学、办公用建筑，体形简洁，尺度宜人，形象质朴。布局自由而不失严整，功能明确而不显烦琐，平淡从容中可以体味到其难以言传的精细与匠心。

20世纪四五十年代的建筑，奠定了湖大古朴庄重而又浪漫瑰丽的风貌与格局。红墙绿树之间，老房子犹如睿智而庄重的长者，岁月的

→ 湖大办公楼

沧桑掩不住其儒雅的光华。

90年代的建筑，昭示着大学的新生与拓展，巫纪光先生主持设计的新图书馆可视为代表。瘦高的体量与较为宽大低矮的裙楼，满足了功能的需求，也没有挡住显山见水的视线。

新世纪的体育馆和复临舍，可视为长沙后现代建筑的标本。工业设计系并不气派，但其细部的处理足以表现出设计的匠心。

尽管建筑设计与施工的社会、技术与材料等前提条件有了变化，特别是形式与审美理想的变化，造成了每个时代、每位建筑师、每一具体建筑明显或者细微的差别，但总体和精神上是一脉承传的。那是对显山露水见秀的天赐福地的敬爱，是对教学建筑特殊功能的尊重，是对湖湘文化亘古不变的诗情。

（七）

真想回到校园，回到年轻，做一名湖大的新生，每日往返穿行于校园典雅的建筑之外和空间之内，在严格合乎逻辑的秩序中接受空间美的熏陶与暗示，在千年弦歌不绝的讲堂前倾听智者无疆的教导。也许烟火浊气与浮躁病态将得到过渡与过滤，功利俗气将换得和平宁静。在特定的时间与空间的移动中，体味人与自然的对接、分离；分辨人与人之间的隔绝、对撞；思索个人内心的精神走向与价值地标。从容而至的灵魂的花朵就这样在校园的大路小径缓缓地绽开。

（2004年5月17日草于北京，5月27日改于长沙蓉园）

长沙老房子 ▌

怎么讲，长沙都是一座古城，在国务院首批公布的24"个历史文化名城"名单上，长沙榜上有名。说长沙是一座古老的城市是有依据的，本土著名历史学家何光岳先生考证，长沙定名有三千多年的历史，其资格在世界著名古城中也数得着。

怎么看，长沙都不像一座古城。徘徊在长沙的街头，满眼是新潮的建筑，世界流行的国际风格，在长沙街头几乎都可以找到对应的代表作品。在主要街道和重要码头，几乎看不见一栋老旧建筑的影子。明摆是今年二十、明年十八的青春魅力。

这种矛盾，首先要从1938年11月12日的"文夕大火"说起。可恨日寇南侵，国民党守军惊慌失措，实行焦土政策，一把大火，整整烧了三天三夜，城内地面上建筑基本化为废墟、灰烬。5天后，田汉先生自南岳赶回长沙，无比悲愤，写下了《重访劫后长沙》："长驱尘雾过湘潭，乡国重归忍细谈。市烬无灯添夜黑，野烧飞焰破天蓝。衔枚荷重人千百，整瓦完垣户二三。犹有不灭雄杰气，再从焦土建湖南"。重建，谈何容易！抗战胜利后紧接着三年内战，抗美援朝。城市就停留在局促的格局和临时的建筑上了。

这种遗憾，也要从20世纪80年代后大规模的城市改造说起。比如五一大道上省供销社那栋雕梁画栋、飞檐翘角、民族特色十分鲜明的老式建筑，因为"当路"，毫无商量地拆除了，其实完全可以尝试平移后退。又比如上麻园岭的陈明仁公馆，因为"危房"，一幢两层的小楼，把人迁出来，能"危"到哪里去？媒体也曾发出过微弱的声

音，终究没有能阻挡开发改造"义正词严"的步伐。

今天，如果你想看看长沙的老街、老房子，可以请你看图片或者录像资料，可以请老人来回忆或者你自己想象，现场和实物大多已是永不回来的风景。只有走进老街古巷的深处，或许还能偶有发现。比如湘雅医院的老楼，尽管隐退在新楼的背后，依旧有难以磨灭的老贵族的气度。比如散落在老城区的几座教堂，尽管有外来文化强加的移植，但还能看得到一些老建筑的味道。中山亭简直是个奇迹，在水风井的十字路口，清除了附属于建筑物的累赘后，亭亭而立，给你一点点意外的安慰。

"老"其实也是一个相对的概念。河西岳麓山的湖南大学校园，便完整地保留着许多上个世纪初的老房子，品位高、品相好，至今在用，风韵诱人。尤其是湖大图书馆与礼堂的一个最佳组合，和谐完美，几乎成了湖湘建筑乃至湖湘文化的经典缩影。

在河东，也有许多半个世纪前的建筑，比如湖南宾馆、省委建筑群。1999年初，我陪同著名画家陈逸飞先生逛长沙，这位60年代曾到韶山、长沙绘制革命题材油画的画家，把湘江大桥、芙蓉宾馆都记忆为了老建筑。将其作为他追忆过去的重要参照物。

再往后，长沙火车站也是一处闻名的老房子。建成之初，其规模仅仅次于伟大首都的北京火车站，其建筑规模面积，列全国第二。

长沙的当代建筑能够进入史册的极少，但长沙火车站却以很大的争议光荣入选。最著名的当然是辣椒火炬的批判者视其为图解深层的人

为支配过度的经典案例。批评家冯原认为："在政治挂帅的极端年代，形式只能卑微地选择屈从的姿态。艺术生产者的最高规则是'政治试错法'，在这个案例中，火炬的造型关系到方位上的'政治标准'，所以荒唐的政治逻辑使用排除敌对方位的方法来对火炬的造型进行定性，结果火炬任务的完成获得了'朝天辣椒'式的公共效应。但在政治支配一切的语境中，朝天辣椒的造型却具有最大的合理性。"

其实，从建筑学的本意来说，长沙火车站还有比以上的争议重要得多的意义。火炬毕竟只是一个装饰性的附件。在那样一个特殊的年代，探索之功是不可埋没的。

当然，火炬是不成功的，被误解为辣椒。这是有特殊地理、历史背景的。歪打正着，长沙人民乐意在自己的地标建筑上塑造一个超越时间和空间的图腾。

《长沙市城市总体规划（2001—2020）》明确了老建筑的保护原则，并且列出岳麓山、小西门、天心阁、朝宗街和开福寺等5个历史文化风貌保护区。遗憾的是，有人对千年古都不感兴趣，热衷于建设一座只有二十年，甚至十年历史的新城。一幢幢老房子就在我们面前坍塌、消失了，被装修改造得不伦不类、面貌全非，因此失去了历史意蕴与文脉。也许，等我们的记忆老去以后，今天的新城，也将轮回为"老房子"。

（2003年5月）

老的，也是美好的

——走访大码头的老巷

　　老巷老了，随处可见岁月的沧桑。青苔斑驳的砖墙，漆色灰暗的门窗，岌岌可危的木梯，似乎随时都可能遭遇塌陷，而居家的一应设施，显得多么简陋与陈旧。只有老屋里的居民在老旧的环境与崭新的生活中平静地周延。

　　但是，老巷在大码头上首，以一片完整的宅群遗存至今，在城市的景观中却是如此不可多得。其建筑形式、建筑材料、构造与装修都已成为城市快速风化中的活化石。天井的格局与功用，风火墙的实用价值与装饰意味，高墙之间，凌空飞架的一道道拱券，在完成牵引与支撑的力学作用后，昭示着与直线和立面对比的一种圆弧形的美感。街巷之间，约略是六尺宽的幅度，使人联想起"六尺巷"的故事。狭长而弯曲的巷道，与现代街道的笔直与通畅构成对比，勾连出对前方隐隐约约的好奇；麻石的路面有些凹凸不平，回响出错落的足音；院宅内部，行走通达，视觉上又有必要的割断与私密性；两边的高墙剪裁出一线云天，更释放人们对高远的遐想。据考证与推测，老巷是20世纪初的产物，至今还发挥着未曾替代的作用，通风、排水、采光的功用不曾退化，而所有住宅的基础都大大高出街巷的路面，充分考虑了临江而筑与春夏豪雨可能带来的水患，说明当时的设计与营造的技术水平。

　　老巷以砖石见证着逝去的历史：过去的繁荣，过去的传统，过去的习俗。尽管多有损毁，这些建筑的存在和基本形态依然是社会的、文化的、生活的和空间结构的整体。从老巷被拆除挪作他用的石匾上，不难分辨出"江西会馆""陕甘会馆"的字迹，可以遥想在以水运为主要交通方式的当年，作为资水进入洞庭湖的最后一个主要码头，此地曾经多么繁华。寻访老巷，还能找出封建的秩序与邻里和睦相处于一个屋檐之下的民风，日不闭户，多少可以窥见其淳厚与融通的关系。那是富有而美丽的精神空间，是关于家乡的经典的意念与意象的载体，是城市人灵魂与情感的栖息地，是古城的性格史和心灵史。

老巷映衬着时代的变迁。如果把益阳朝阳高科技园列入第三城，标志着碧水青山中的信息文明，而以桃花仑为中心的地区可视为第二城，标志企业相对集中的工业文明，大码头街区的老巷则是第一城了：农业社会为主导地位的商业和手工业文明。老巷的存在使得城市的文脉——自然生态环境、气候及周围其他的构成物和地方传统、风俗习惯、审美尺度、文明程度、文化特征——线索清晰、具体可感，使来宗与去向有所参照，又增加着城市的深度与厚度。如果没有这片历史深厚的老巷，城市将少去许多底气和底蕴。

近些年，各地不断传出老街旧宅被发现又被毁损的信息，益阳老巷却始终默默无闻。也许因为年头不够，也许因为建筑考古的价值不高，也许没有也许，在于我们自己的孤陋寡闻与无动于衷。益阳女作家叶梦曾经以《永远的城池》为题，记述与感叹过老城、老街、老屋的冷落与被弃。十多年过去，今天，老巷也行走到命运的边缘，不是在现代文明的征伐中被强行割裂，便是在风烛残年中走向终点。但我宁肯将它的未来作更为乐观的设想。也许不是在旧城的拆迁中灰飞烟灭，而是在老城的改造中获得重生。我们曾经痛心疾首于自然界物种的灭绝，能不能把老巷视为日渐稀有的文化的物种，加以特别的珍惜和保护，关键在于城市管理者的觉悟与远见，在于城市居民对于自己历史的尊重与珍视。让人欣喜的是，听说资阳区的分管领导已经将老巷列入提案，并拿出了改造与修缮相结合的草案，市里的领导人也开始把目光投向这片曾经被遗忘的角落。

老去是无法逾越的规律，我们晚辈可做的是，让老巷老得美丽。

（2001年5月）

天人合一，文野归真
——番禺香江野生动物世界景观印象

　　位于广州市郊的番禺香江野生动物世界日渐红火，成为羊城新的旅游热点。

　　龙年正月初五，友人毛肖陪游，游客摩肩接踵，日流总量在三万人以上。其引人之处有三。一是规模大。其占地面积、动物的品种与数量，在全国堪称首位。中华鲟、北极熊等珍稀动物能得一见。顺山势而下的鳄鱼湖里，大小鳄鱼密密麻麻，总在千头以上，令人心惊肉跳。二是项目多。除一般观赏项目外，白虎、海狮、大象、鹦鹉表演，精彩幽默，老幼皆宜。尤其是美国驯兽师同时与十五只大型猛虎的表演，让人生出对人与动物、人与人、人与自然的多重联想。区别于传统动物园的最大特点是，除步行游览区外，该园设有一大型动物敞放乘车游览区，狮、虎、豹、熊等大型猛兽伸手可及，让人在得到惊险、刺激之余，也舒心地体味到"放虎归山"后的自如自得。三是造园美。为该园增色而生趣的是"以人为本""天人合一"的造园理念下打造的独具匠心的园林景观与各具特色的建筑小品。一般动物园内建筑唯恐寂寞，争相耀眼夺目，大有与动物们争宠哗众之心，香江动物世界的多处建筑却不事张扬。当你放眼处，尽是动物的乐园；当你需要时，各种提供服务的设施随处相伴。电话亭、卫生间、小卖部、医务室，功能齐全。木质的鼓形垃圾桶与洗手池，体量适宜，与环境协调；摆放到位，与需求呼应。处处体现对人的尊重与关怀。

　　景区建筑色彩多与大自然的色调浑然一体，建筑材料也绝无奢华新异之感。屋顶与廊檐全部采用树皮，墙体或用原木，或用楠竹、毛竹。大量采用废弃的铁路枕木，或用做台阶或用做栅栏，其朴拙与坚固的质感，从经济和美学两个角度评分，算得上一回双赢。

当然在显示设计师的功力与学养方面，绝不仅止于这类删繁就简、借题发挥和信手拈来。在造型上绝对看不到与旁的建筑物的苟同或与自己的雷同，仅仅屋顶就有数十种不同的风格样式。在数千亩的园地里，建筑功能大体相似的小品，追求这样的境界，何其艰矣难矣！对大自然的向往与渴望已经成为城市人类的梦幻，也成为设计师集中鲜明的理念，"天人合一"的玄想被雕琢成香江之滨的真实风景。卡通造型的感应垃圾桶，每有垃圾投入，便发出赞美的声音，同时配合小动物的动作，让小朋友流连忘返。当你习惯性地掩鼻冲向厕所，发现隐缩在绿林间的建筑小品，外表粗放平淡，内部空间分割合理、宽阔、整洁，封闭式围墙被一面缠绕绿色藤蔓的栅栏取代，既保持了必要的隐秘性，又营造出开放而开阔的空间，不仅告别了惯常的局促与憋闷，还可以嗅到花草的芬芳。快餐部大厅四壁全部通透，一边品尝佳肴，一边可以欣赏云雀与画眉演唱的仙乐。不论在池边栏观赏水禽的舞姿，抑或在路旁长椅小憩片刻，手握的是木材的亲切，入眼的是自然的随意。

园内的走廊遮阳顶篷易为人忽略，却是出彩的妙笔，其一阴一阳、一实一虚的间隔，不仅带来视觉上的变化，更神妙的则是既细致地体察了游人躲雨遮阳的需要，又分段露空，露出藤蔓的秀色娇颜，露出日月星辰变化，露出和暖明丽的阳光。错杂的光与影，打造出一片非凡的美丽，同时暗示回归自然的旨趣与导向。

野生动物园区是游览的高潮，也是设计艺术的高境界。游人乘车穿行在园内弯道缓坡，与动物隔窗相望，那种双方共有的亲近、随意，那种与生俱来的自由无羁，不正是一种风景？

（2000年2月9日于广州）

知仁园记游

好久没到这边来。

今春，循着踏访烈士公园郁金香花展的路径，发现了新造的园中之园——知仁园。

知者"智"也，取仁者乐山，智者乐水之意。占地达28亩，凭我的孤陋寡闻，它在省内园林占地之多，投入之大，修造之精，或堪称魁首。

园林是山水的浓缩，园林之美也在于山水的变化。知仁园的水作之功是令人称道的，总括其大意为周密而富于变化。临坡高处的垂瀑，幅面宽阔，背景细腻，水声清脆，立时清涤人的俗念尘想，耳目为之一惊，心神顿时爽朗，那天籁之声给人美妙的联想。园北曲水流觞的编排颇有诗心古意，两岸石块，可坐可卧。园中一大池水清澈见底，青碧可掬，天光云影，人共徘徊。园门另一水面，自然流畅，墨黑如云的群群蝌蚪移身摇尾，预兆炎夏一片清凉的蛙声。

然而，知仁园还有可做可补之缺。园宜静而不宜闹，宜隐而不宜显。知仁园左临东风大道，车水马龙；右紧傍公园干道，游人如织，络绎不绝。如果位置既已天生，但隐蔽求幽尚可人为，如植高树蓄密林，又如水泥栅换篱笆墙，总可补救缺陷一二。

次为格局。进得园门，园内各景各物尽收眼底，一无萧墙，二无玄关，一览无余，遑论含蓄、曲折之美。依我个人的审美偏好，我并不欣赏苏州园林的所谓小桥流水。在现代都市的拥塞与繁杂下，封闭压抑不堪的人们，游园之意，本有身心放松之想。而走出小屋，又入小园，仄身于彼狭窄局促之中，何来慰藉与舒展？因之，敞亮开阔也不失为构园之一法。可以评议批判的是敞而平，敞而白，敞而无起伏变化，一眼可以看尽的美，那便可视为败笔了。

园林乃文化的浓缩，好的园林可以集历史、山川、绘画书法、建筑艺术、园艺楹联于一炉，小中见大，咫尺万里。对照之下，知仁园一则缺乏个性鲜明而相对统一的风格，林林总总，各散五方；二则缺少文化的含量，有待移典故、引传说、养湘情、植土味，给人遐想与追思的空间。知仁园另有一缺，有入口而无出路，游完全景，还得原路退回，重复路线亦为构园之大忌也。

古老的园林在现代的长沙实为稀罕之物，知仁园的诞生是值得欣慰与赞美的。与虚拟的完美无缺的园林相比，我们宁可选择有缺陷而又实在的园林。知仁园算得上富有勇气的创造。但如果城中有十座或者更多的园林，人在大地上诗意地栖居便不再是梦想。

（2000年3月）

色泽的魅力

　　高度的视角常常给人意想不到的界面，那是一种感性的升华，进而有可能跨入理性的顿悟境界。石佳冲便有许多这样的眺望点。那些地方有远有近，或高或低，但有一个共性的征候——大多人迹罕至。

　　我常常在孤独的登临中独享这种拥有的丰富。俯瞰低处的芸芸众生，距离感自然妙不可言，遥望周遭乃至远方，那份超脱的空灵，更让人喜出望外。原色的魅力便是在这种景况下偶然被我参透的。

　　春深似海那是对麓山西岭毫不夸张的写实。在那碧翠的新绿的海浪之间，原色——新建筑的装饰色块，像帆一样鲜明和抢眼。红色、蓝色、白色，看去是那样简单和缺少变化，但在平心静气地对视之中，原色渐渐地丰富和浑厚起来，就像经典一样感人。更令人叹服的是原色对周遭芜杂斑驳色差的净化。一方面特立独行，不同流俗，散射出一股沉着与深刻的品格；另一方面又表现出一种宽容，不是简单地以对比相排斥，而是欢喜无言地耸立。

　　黑色的阶梯与饰面让行者陷入一种绝对和极端，那有如书籍的经典，是摒弃了轻词漫语的原著。红色屋顶或者线条，是人工力量的一种暗示，象征着审美的点染和提升。最令人心仪的是粗坯素水泥的原色效果了，建筑在丛林中若隐若现，好比一位淡妆丽人，无论何种色调的服饰配件——帽、巾、带、包，都是宜人与时髦的搭配。岳麓书院就是这种境界的代表了。令人扼腕叹息的是，站在湘江桥上再也瞭望不到山下过去乡野般的景象了，明晃晃的建筑群越来越大，越来越高，卒不忍睹。

　　玻璃幕墙则不仅仅有色，同时还放射着一片色光。最初曾经带给

←── 建筑色泽的魅力

我们的视野很多新奇的刺激，亮光照耀下，熠熠闪烁出宝石一样的光泽，像镜子一样映照出流动的城市、斑驳的社会。曾经有机会在广州领略了羊城城区的玻璃幕墙之最——中国市长大厦的金质幕墙，采用高技术真空纯金内镀膜，每平方米造价超过 2 000 元，光照下，一片阳光般的灿烂辉煌，周围的景物和人物都沐浴在一种梦幻般的温暖中，酝酿出晴朗的愉悦。

任何好东西都不能过度。大块面使用廉价的玻璃幕墙，选用一些格外前卫或者十分土气的色调，映照出都市嘈杂拥塞的绌乱，其建筑单体刺眼夺目、与周遭环境格格不入且不多说，仅是那种强大的反映功能，进而对周遭景观的夸张、变形产生的负面效果，就给人一种紧张、逼仄的视觉负担和心理压力，实在不能增添任何美感。

瓷砖大量用于外墙装饰，无色无光，实在土得掉渣。瓷砖本来适宜用于厨房、卫生间之内，大量粘贴于外墙作装饰美化，不异于张冠李戴、南辕北辙。长沙某宾馆一栋老楼曾经入住过许多著名历史人物，而建筑的造型之雅，尤其是外墙朴实的质感与色调都与绿树浓荫协调一致，证实了大美无言、大象无形、大音稀声的艺术规则，但前年维修改造之后，一律更换成肉色贴面瓷砖，给人一种俗不可耐的滑稽之感。叹惜之余，遗憾没能留下几张老楼旧影的照片，现在只能靠日渐依稀的回忆去品味那栋老楼的风姿了。而我的女儿又将凭借怎样的参照物贪图老房子的原始本色，去想象过去的优雅与神韵呢？

（2000年8月23日）

尺度的魔力

建筑是人为的，更是为人的。因此，其高度、宽度、密度、间隔度都应该以人的尺度作为主要的参照系。在建筑的场中，既要让人产生崇高、振奋、辽阔、曲折等形而上的意外与激动，更应该让人感到舒畅、便利、和平共处、安之若素等形而下的宁静与满足。

尺度翻译成更通俗的说法，就是比例恰当。指建筑物的体量，自身各部分之间的吻合、与周围相关景物的协调。尺度的最高境界是适度。徜徉在天安门广场，雄伟庄严的天安门城楼、人民大会堂、历史博物馆、毛主席纪念馆合围成世界上最辽阔的广场。一种对祖国的博大、崇高的景仰热爱油然而生。居于广场中央的人民英雄纪念碑直指苍穹，升腾其超凡脱俗的神圣情感。

遗憾的是，大而无当却成为难以遏制的通病。在全国的许多大中城市甚至小城镇，宽阔的马路已经成为时代与时尚的标志。人们行走其间或者横穿过去，每每因路幅遥远而心生无助和畏惧。以前，马路不如今天宽，还可以在安全岛上歇一歇，如今不得不一气呵成。有人请教"海归"，为何更喜欢上海，答案是，上海可以闲逛漫步，梧桐树下的单行线让人从容惬意。北京街与街之间的距离让人觉得遥不可及。

尺度是生理可感的，更是心理可知的。在北京，我常常陷入尺度极端变换的困境。因为170厘米的高度和60度的视角是天生的，只好靠心理的移动、收缩、张扬与压抑等许多大跨度的变化来屈就建筑大幅度的变化。

莲花小区巍然矗立在西三环的天际轮廓线上，在群楼林立的丘陵中，它超大的体量和高度恰如巍巍昆仑。在城内的高楼深巷奔波，在既矮又长的走道行走，像在隧道穿行，一天劳碌之后，回到莲花小区的楼下，继续承受着普通人的渺小、孤独、压抑和无奈，根本得不到梦想的轻松与舒展。

　　要理解摩天楼作为一个市民的问题，我们首先应该看到，当一个高层办公建筑不可避免地以一种统治性的姿态介入公众生活领域的时候，它本质上还是一个私人的建筑：除了地面层之外都不被大众接近，内部也无任何人们期望的能与其形态和标志性所对应的公共用途。因此，不管它如何有效而成功地标志了集团组织或展示了企业成就，其功能局限性已经注定了它只是一个无意义的纪念物、一个没有内涵的符号、一个巨大的不可参透的物体，注定是陈腐的、具剥削的、与人疏远的、不合人性的。为解决这个问题可做的努力，就是人情化摩天楼，赋予其一个良好市民应有的风范。这个问题已经困扰了美国建筑师一百多年，也时时萦绕在我们心中。

　　建筑要赢得美誉，就必须赢得"比例与尺度上的成就"。受到毕达哥拉斯和欧几里得美学思想影响的建筑师，用几何学和数学的关系探究建筑形式美的奥秘，发现运用正方形、正三角形、矩形、圆形的

←　外国建筑

黄金分割比例测定历史上一些优秀建筑的实例，发现集合数字起着支配作用，黄金分割比（1：0.618）对建筑美的形体尺度影响最大。经典作品如此，大师创意也要接受尺度的检验。贝聿铭是大师级的建筑师。香港中环的中国银行大厦可以视为其代表作之一，建筑形体逐渐收分，金属与玻璃幕墙构成的几何体节节升高，在山海之间，挺拔轻盈，无可辩驳成为港岛的标志性建筑。而强占在西单街中的中国银行大厦，简单照搬香港中银大厦的造型，因地理位置的限制，不允许舒展伸直，只好截取其中一部分，说不出的别扭。从局部看，不愧是大师的风格。从整体看，只有扭曲变形的牵强。

当然对尺度的要求不能太过于机械和死板。有些小的误差是感觉不到的，有些故意造成的偏差，反而使人感觉到整体的生命感。我们崇尚借助科学，但我们也期望看到不损害原理、不危及平衡与安全的一点点顽皮和夸张。

建筑是身躯的庇护所，同时也是精神的庇护所。不仅仅考虑机构的科学精密，造价的合理适度，色彩的美观新颖，功能的齐备适宜，更要考虑尺度的安排。那是有形而又充满力量的建筑语言。

（2003年5—6月）

心情在坦途上飞翔 |

坦荡如砥的长益高速公路，拂开了神秘而朦胧的面纱，舒畅自如地向前方伸展。今天，国产红旗牌轿车像初出茅庐的小伙子，抑止不住跃跃欲试的兴奋，80码，100码……140码！

车子像飞一样奔驰，风驰电掣；

心情沿着坦途飞翔，飘飘欲仙。

这是6月，距湘北历史上第一条高速公路的通车庆典还有10多个日子，我们驶入了这条试运行的新路。

6月散淡的阳光轻洒路面，原野葱郁。放眼窗外，不见我们熟悉了的裸露的黄土。低缓的丘岗，平滑的水田，深绿的是满山满岭的茶子树，浅绿的是大田的早稻，正当繁盛，溢出成熟的美感。一掠而过的是粉墙青瓦的农舍，浑圆的水塘，聚散着一汪一汪的清亮。10多天前，我刚刚饱览了欧罗巴高速公路两旁的秀色。如果要我作什么比较，极端一点说，西洋原野的优越除了农作物成片的面积更大，农舍更为精美和富于个性特征外，视力所及的取景框里，我再举不出更多

↓ 长益高速

的差别。在这发光发热的故土上，流淌着一曲东方的田园牧歌，我的同胞也是如此诗意地安居。

心情在坦途上飞翔，扑面而来的是一曲凝固在道路上的乐章。从外至里，草绿的封闭栅栏、标准的水泥道沟、银色的金属护栏，隔离反光板和道间树像队列一样齐整而刚劲；由近而远，全封闭的双向六车道，在正前方收缩为白色的透视点。27座互通桥，构成27幅建筑小品。醒目的标志牌，那是无声的公路语言，优雅的护坡装饰和书法，那是有形的公路文化。现代气息、规范质量和实用水准完全可以大胆同"国际标准"接轨。

也许这种溢美有偏爱的成分。但从小与这条定名为"长益公路"的道路相依相傍、穿行环绕的日子，滋长了与之不能割舍的因缘。

20多年前，我记忆里的这条路是陈旧、残缺的沥青路。益阳的桃花仑那时候还充满郊野的风味，路面坑坑洼洼里的水光映出桃花的秀色，路弯曲而狭窄，艰难地爬上一道岭，紧接着是惊险的一条长坡。而益阳至长沙的路途是那样遥远，记得第一次进省城，提前三天预定车票，还起个大早恭恭敬敬候车，不折不扣是朝发夕至。后来开始修路，但一拖就是几个冬春，上学要经过一段公路，脚印深陷在稀烂的泥泞中。

10多年前，又开始修路。水泥路面的价格和质量常常引发同车老乡的惊叹。尽管修修停停，停停修修，前后又是几年，因为频频往返于长益两地之间，我也常常为漫无边际的等候发过牢骚，作过无可奈何的解嘲，这就是现代化的速度？但终于竣工的路，的确拉近了长沙—益阳两个城市间的距离，"60年代住一晚，70年代吃餐饭，80年代上个卫生间"的概括虽然俗了点，却准确描述了水泥路给益阳带来的变化。

今天，两个古老城市间的空间和时间的距离奇迹般缩短了，行车效率提高6~8倍，40分钟便从湘江北岸通达资江之阳。长沙近了，益阳大了，往昔的交通站一跃为当今的卫星城。而速度、效率等概念以前所未有的时速闯入我们曾经麻木于等待、习惯于平稳的生活之中。

心情在坦途上飞，如醉如梦。似乎才刚刚听说要建筑高速路这惊人的好消息，转眼间就闯进了这曾经认为十分遥远而缥缈的五彩路。但这不是梦，高高的路基、岩石的护坡，那护坡的马尼拉草丛如绿色秀发，一簇野生的黄花香已经袭近了我的车窗。

坚实的路基，是筑路者的智慧和血汗。湖南的天气，每年只有110天有效的筑路时间；湖南的地形，要比平原上多数倍的土方，多数倍的桥梁。湖南的筑路人更有数倍于他人的信心和胆量，两年零四个月，铺就了湖南最漂亮的锦绣通途。

宽阔的路面，是长益人的奉献和远见。父老乡亲终于舍弃了古老的家园，舍弃了亲切的树林和待割的水稻。但，滚滚而来的是信息，是观念，是铺金洒银的致富大道。

笔直的路向，是决策者的信心和魄力。再有5年，湖南的版图上将标出一纵三横4条高速公路，全省所有地市将通过高等级公路并联，那是速度之网，更是世纪之网。

路的性格，虽然曲折，却总是坚定而顽强地向前。

路上洒满阳光，我的心在坦途上飞翔。家乡家乡，已近在前方。

（1998年7月）

建筑艺术的高地
——巴塞罗那速写

　　"巴塞罗那的面孔"凭海临风，矗立在西班牙第一大港城的街头。这座普通的现代雕塑构图离奇，色块斑斓，什么都像又什么都不像。有人诠释说，这正好体现了巴塞罗那市多元的性格。

　　巡赏了高第公园的建筑，才可以领略这座古城性格的源头。在巴市中心的那块高地上，高第创作了他本人最后也是最完整的一片建筑群。这座原为伯爵私人设计的园林大宅早已向公众开放，但公众要真正解读高第艺术的韵味与深意，却并不像自由走入这座园林那么便利。

　　古堡式的门房，危岩般的护坡，沙发般开放的平台，布满圆柱的厅堂，奇形怪状的雕塑，组成了以"高第"命名的建筑公园。

　　在这里，传统建筑艺术的范式被一风吹去。没有线条而代之以波

↓ 建筑艺术的高地

浪，没有垂直而呈倾斜，没有棱角而磨出圆融，没有大平面的光滑而添上印象派的色块。现代建筑艺术的规范由此组合而系统起来：结构是对几何图案的变形，色彩是对平静沉着的突破，材质和细部也都作了不厌其烦的改造，门廊是厚重的整块铸铁，石柱是粗糙的毛边大料，装饰性的马赛克被砸碎后进行有意和无意地拼贴，在这里，无规则即其最根

本的规则。现代建筑艺术的这片高地，让我们看到的是童心未泯的畅想，有如神话中描摹过的魔幻世界，是艺术家创造重心的解构与重建，不雷同于过去的风格也不吻合于当代审美的精神，是艺术的理性与建筑的实践的杂交。

幸好巴市是如此宽容，岂止宽容，应该表达为臣服和崇敬于艺术的创新。高第的弟子在神圣家族大教堂的创作中，想让神圣而不可亵渎的耶稣基督石雕像赤身裸体袒呈在圣徒与凡夫的眼前，宗教方面为此展开了一场激烈的争论，终以投票表决的方式接纳了艺术的创新。因而，在高第因车祸仙逝之后，巴市还能茁长五十座高第风格的建筑并让远来的游人大饱眼福，就不难理解了。那是巴市棋盘格式的老城区里高耸的展示天才个性的最强大的纪念碑。

顺便要提到，毕加索、达利、米罗等大师都诞生在地中海北岸的这座浪漫边城。

（1998年6月）

香港岛建筑印象

　　一般旅游者在百闻不如一见的经历后，每每都要赞同香港独拥的"购物天堂"的美誉。其实这里更有价值的却是文化的生态。香港以其中西文化桥头堡的特殊位置，造成了中华文化、西方文化、殖民文化、宗教文化、海洋文化的交融与碰撞，异质文化在流变与积融中闪射出别样的光彩。

　　仅从建筑文化的角度而言，区区香港岛一地，便是一座多姿多彩的建筑艺术博物馆。伴随着彼地快节奏的匆匆步履，穿街越道，或者哪怕只在中环广场稍事停留，作一瞥短暂的环望，不得不对这些立体的画面和凝固的乐章发出感叹、赞叹、惊叹。

　　"多姿"是视觉空间遭遇的第一个关键词。乘坐"洋紫荆号"游轮巡游维多利亚港湾是不可或缺的重要节目。那里是远方来客拜访香港的一条传统路线。眺望港岛，你可以欣赏到当今世界最丰富优美而刺激有趣的天际轮廓线。高低错落，几乎密不透风的建筑群，争相凸现自己独特个性风格的建筑立面，恰如一些表情丰富的脸面，很可能给人留下不可淡忘的第一印象。从太平山上俯瞰港岛，醒目的依然是建筑密林构成的美景。最佳时机是夜幕降临之后，伫立凌霄阁的观景台上，景深分明，灯火通明又被海水倒映出晶亮的波光，让人如踏进梦幻般的境界，得出"天上人间"的诗意。而如有机会在白昼登临，品味那山下海滨建筑的芸芸众生，还可意会到他们对幕后人点头示意。中式的、西式的、国际风格的、地方风格的，如广东地方的"骑楼"元素，犬牙交错，勾心斗角，多样的建筑语言恰好是香港多元文

← 素描香港

化的一个侧影。照相机的取景框里，往往同时呈现出中西新旧时代和不同文化元素的组合与对比，让你难以取舍。单体建筑和建筑群落之间既能融通，也有不可回避的反差与矛盾。中环一带是以渣打银行、汇丰银行、中国银行为核心的金融中心，现代化与高科技营造出一份豪华显耀的贵族格调；与之毗邻的湾仔、铜锣湾一带的繁荣与喧嚣，显出实用主义的功利；散落各处尤其集中于半山和中环的老旧的英式建筑，陈列着时代的沧桑，也提醒人们不能遗忘的曾经屈辱的历史。新建筑以意想不到的速度和力度扩张，迅速改变着稳定的空间和固化的欣赏习惯。

　　"多彩"是港岛建筑特色的第二个关键词。碧蓝的大海与青黛的远山之间，港岛建筑以浅淡为主的基调，流散出国际大都市的洋气。但这不意味着一色不变，赤、橙、黄、绿、青、蓝、紫，五光十色，交相辉映。在整体立面，金属构件和细部装饰灼灼鲜亮，恰到好处地点缀出建筑的个性。如红蓝相间的招商局大楼、纯白的香港公园、黑色的渣打银行、银色的交易广场和蓝色的李宝春大厦，

构成一幅亮丽的现代派图画，但建筑色彩对环境的渲染不是平板而固化的，透过灯光、阳光、波光的作用，在玻璃幕墙的反射与吸收之间，给建筑物平添一道灵光。人车的流动、绿树的葱茏与海天的空阔，收放出如梦如幻的效果，更加迷人。简单与丰富的色彩以和谐的方式通向艺术的新境界。

"优质"是港岛建筑特色的第三个关键词。精细、精致、精美是比较普遍的结论。从设计到施工，从选材到安装，从大局到细部，很少看到因粗制滥造和敷衍塞责引发的渗漏、脱落、裂断与倾斜，当然更少有大厦将倾、另起炉灶的败笔。香港会展中心是1997年香港回归祖国，中英政府交接盛典的场所，金光烁然的紫荆花就怒放在临海的广场。因参加在这里举办的"香港书展"，笔者有机会近距离考察了这座宏大的建筑，洁净如镜，平整似水，以其无可挑剔的质量让人折服。新材料和新技术的普遍性和首创性，随处带给人新颖独特的视觉形象和美感，那便是可感可触的雅致的香港。

港岛建筑特色的第四个关键词，似乎更容易被普通人发现，这便是："关怀"。城市规划师与建筑设计师对人的

← 香港建筑

关怀，对自然的关怀，细微、体贴，随处可见、可感、可受用。

连接中环和半山区的山坡电动扶梯，总长800余米，规模位居全球之最。20部电动扶梯与3座电动步梯建设耗时两年半，投资2.05亿港币，大大方便了居民的上下往来。在海洋公园，在地铁入口，在街道普通的人行天桥，类似的电动扶梯都要殷切地为普通行人承载一份关怀，送去一份迅捷。

香港多雨，人行天桥便成为香港一景。简洁实用的天桥都罩有透明光亮的雨篷，避雨而不遮光，凌空架于街道之上，从许多著名的公司机构和豪华的宾馆商场之间穿行，长达几个街区。

所有著名的楼宇都不会拒绝行人与游客，不至让人陡生敬而远之的陌生、神秘和距离感。而尽管寸土寸金，但持有"螺蛳壳里做道场"的匠心，街区和街心都不乏可人与优雅的建筑小品与园林绿地。最让内地人受用和赞赏的是不厌其烦和不厌其详的道路指示标志，明了实用。六条地下铁路线的各个出入口，以四通八达来形容绝不夸张，粗通文墨的访客绝对出入自如，绝不会陷入迷途或者产生走冤枉路的尴尬。

港岛建筑高出一筹的审美价值的确立，首先源于其独特的历史、地理条件。靠山、临海、迎风，造就出独特天然的环境。许多建筑依山就势耸立在斜坡上，切割不同高度的平面空间，客观上造成错落有致的变化美。

其次得益于雄厚的经济实力，如填海而造的赤角岛新机场和香港会展中心，耗资都在百亿港元以上，其规模与档次堪称世界第一。港资、中资及外国资本各方都看好香港经济的未来，未曾间断的投入，催生出其日逐增长的建筑风景林。

第三是得益于建筑设计大师的参与。作为国际性的都市，世界上众多一流和知名的建筑师事务所都争相来这里一展身手。而享誉全球的大师的杰作，更是大大提升了这里建筑物的水准。贝聿铭先生设计的香港中国银行大厦利剑一般直刺蓝天，其飒爽英武的身姿成为香港标志性的建筑。

中银大厦有70层，高达368米。建筑并没有明确的立面和颜色，塔楼从53平方米的基础拔地而起，从四个角落画出对角线分成4个三角形体量，每个体量高度不同，但其顶部一律为7层高的斜切面，配饰玻璃层顶，使中央大厅充满一种戏剧化的张力，给内部空间带来极大的灵活性，而外观通常挤压拥塞的楼层顿时豁然开朗。动感十足的几何造型，不论从哪一角度欣赏都充满趣味，香港市景从镶嵌于框格与交错结构支条内的玻璃幕墙反射出来，令人流连和联想。

当然，香港建筑的矛盾和反差也是显而易见的，街道的狭窄逼仄着视觉的局限，违章的立面与棚户也生出重重不协调、不和谐的景象，整体的建筑风格尤其模糊而含混，都让人心生遗憾。

感受香港，可以跻身人潮，以购买的方式；可以远离市嚣，在海上和离岛，以休闲的方式；也可以高抬望眼，阅读周遭精彩纷呈的广宇宏栋，以建筑的方式。新旧交替、中西合璧，都会韵律与海港风情凝结在形形色色的建筑内外，那将是给人别样收获的轻松与浪漫之旅。

（2000年6月）

提升城市景观与景观师的品位

　　个性是城市生存的灵魂。长沙作为历史文化名城，独拥麓山、湘水、橘洲等独特的自然景观资源，独拥亚热带温湿气候孕育的四时不谢之花与八节常青之树，独拥数千年湘楚文化的深厚积淀，为营造秀美的富有湘楚文化特色的长沙城市景观创造了天然的广阔舞台。近年来长沙市委市政府下大决心举全市之力，挥写着城市改造的大手笔，更为建筑师与城市景观设计师提供了难得的机遇。令人遗憾的是，至今无缘目睹具有文化品格特别是有整体的湖湘文化特色的作品，不论是整体建筑、建筑群，还是城市景观，都与人们的期望相去甚远。

　　仅以五一广场周遭的建筑和景观为例。除平和堂以内敛和文静给人一种沉稳与素净的美感外，原湘绣大楼上派生的友谊商店广场以其杂乱的造型和炫目的金属反光板及装饰，难以入目。万代广场以所谓欧陆风格夹杂其间，本想以洋气来讨彩，结果赭色的外墙色调赢得一个"土气"乡下老财的滑稽。各建筑之间高低悬殊，色彩斑驳，没有任何和谐的美感。

　　五一广场是长沙人民跨世纪的广场梦。在大广场中央，却让人梦得凌乱而荒唐，工商银行大楼以财大气粗之势寸土不让，把一个方正的广场分割出重要的一角，给人一种视觉上的压抑，尤其是原广场多个单位拆近后凸显出其虎踞龙盘的霸气，更给人一种心理上的压抑。来过广场的人可能都会有破解这层谜底的疑问。

"新大新"是广场在规划后抢修的商住与写字综合大楼。支离零散的住宅当然将占尽广场风光。但不知有多少双眼睛要投射出恨恨的一瞥，一扇扇窗户就像一个个黑洞。广场靠近立交桥一侧本可以遥望依稀的麓山，但被五一西路几幢或新或旧的高楼挡住了视线，挡住了借景生趣的机会。于是理想中的广场应该赋予人们的空间的开阔、视觉的舒展及由此而来的美观、优雅、宁静就被生硬地扼杀了，广场异化后的纷乱与嘈杂只留给我们一声声沉重的叹息。

长沙城市正经历着百年来未曾有过的大范围、大规模巨变。对此，政府的决心、组织的投入都是空前的，体现了一种历史的责任感、时代的使命感和人民忧乐与共、息息相通的远见、襟怀。躬逢此盛的城市及城市居民三生有幸，也有理由、有权利向城市景观和建筑设计师提出高品位的要求。

长沙之变正方兴未艾，对于城市景观，宁可少些，但要好些，宁可暂时缺失，不要粗制滥造的假冒伪劣。如果本土的设计师与工程师不能担此重责和大任，可以从全国范围内征集一流的方案。在建筑设计师的面子和城市的面子之间，感情和智慧都令我们选择后者。

（2000年9月23日）

城市改造中的一种思路

城市改造总是议论集中而又无可停顿，放眼世界也找不到一座完全停工的城市。新时代赋予了城市不断变迁的宿命。

我们关注的是城市改造中冷静、务实的心态以及科学的前瞻性规划，对历史、自然和人的尊重，在改造中实现凤凰涅槃式的智慧与力量。因而，简单的拆迁与城市多方面的需求是格格不入的。

我们应该有弃旧图新的果决，对待旧城中的棚户区、违章建筑等历史文化价值不够，也未取得法律保护地位的街区与建筑要有舍得的勇气与魄力，同时还要有尊重历史、维系文明的远见和耐心。

改造的内蕴却是丰富的，比如古为今用、洋为中用，整旧如新、整旧如旧。据说长沙市政府准备将中心区的所有工厂一律外迁。这是符合生态城市的要求，也是合民情顺民意的好事。但是废旧工厂能不能作适当的保留与改造呢？

最近面世的广东中山岐江公园，是市区原中粤中造船厂旧址，总面积11公顷，其中水面3.6公顷，厂房、龙门吊、铁轨、变压器等遗物，经过景观大师俞孔坚的设计，稍加装饰与维护，点石成金。来过的人都体味到一种久违的亲切，又让浸染在声光电中的"新新人类"领略了机械工业时代的壮美与笨拙。它成了关于城市工业文明最深刻鲜明的记忆和讲述。

烈士公园改造宜论证、缓行

读了长沙晚报8月12日A9版头条文章《年嘉湖改造先亮西边》，感到十分忧虑，有些意见建议盼请贵刊能予以刊发或转告。

烈士公园是长沙十分稀有的一个闹中取静之所，这几年，已经被过度改造得不成样子，可以用车水马龙、灯火辉煌、机船喧嚣、叫卖声声来形容，跟公园外面的热闹城区没有多少区别，再增加这许多项目，市民何处寻找闹中取静、休闲放松之所？

公园改造不同于城市改造，要注重生态，尤其是原生态，以自然为主，现在平白无故增加这么多人工建筑，肯定不符合园林建设的科学规律。

作为湖南的烈士公园，一要有湘味，体现湖南特色；二要有纪念意义，坚持庄严肃穆的格调。现在搞出这么多不伦不类集世界文化与各民族文化于一炉的大杂烩，有可能大煞风景。

有时候城市开发改造中不作为或缓作为，恰恰是符合科学协调发展观的。我们暂时没有资金、实力，特别是没有达到较高的认识水准与规划水平之前，为未来的城市和规划部门留下点空间，有什么不好？

顺便说一句，在岳麓山山顶动土建岳麓阁，也宜论证、缓行。

城雕期待空间

长沙晚报《橘洲》副刊发起关于城市雕塑的讨论，实在是令人兴奋的事情。当一座城市把雕塑列为一个话题，继而列为一个决策议题，那我们便有理由对它的品貌、格调与气质生发浪漫的憧憬了。

城市雕塑在发展之路上遭遇着许多共同的阻碍。如规划滞后造成被动式的填空、应景，如水平较低让俗不可耐或不知所云的作品泛滥，而且这些现象既缺乏权威的评审，也缺乏到位的管理。

长沙城雕不仅如此，它还面临着一个更加突出的问题——生存空间。首先是自然的空间。变化中的长沙不仅给人长大、长高的印象，同时也变挤了。每每推倒一幢旧的，立马便有新的取代，用"见缝插针"或"密不透风"来形容是不算过分的。而城雕的生存最需要的恰恰就是空间。在建筑堆砌、道路狭窄、绿地稀少、广场紧缺的当下，谈城雕给人一种"超前消费"的感觉，即使勉强搞出来一些，多属"螺蛳壳里做道场"，也难免会弄出些比例失调、色彩错位的遗憾，遑论营造城市的美感了。据闻深圳、上海等地早在十年前就出台了相关的《城市雕塑总体规划》，预留了适当的空间位置，相比之下，我们似乎慢了半拍。

其次是人文空间。对长沙市民而言，一方面缺少美的城雕，另一方面也缺少发现和欣赏城雕美的眼情。平心而论，湘江风光带、湖大校园等处并不乏赏心悦目之作，但路人往往擦肩而过，视而不见。这就需要我们营造能够接纳城雕的心灵空间，要在市民中倡导和培养一种亲近雕塑的情趣和审美品位，以对待交响乐和民族音乐的热情善待城市雕塑，普及相关的基本知识。媒体上应有专门而经常的介绍，书店要引进相关的读物，想得远一点，还可以在中小学生中开设专门的城雕欣赏课。当城市空间被珠光宝气的建筑所分割、挤占，当心灵空间被灯红酒绿的物欲诱惑拥塞的时候，请为我们的城市雕塑留一些空间。城雕，那是真正有灵性的生命之光。

莫把星沙比巴黎

长沙城建之奇功与巨变，人所共睹，可感可佩，常借此遥想古城的明天，每每感慨万端，信心百倍。但从建筑风格来评议，用一锅粥来形容怕是没有太多的异议。古的、新的、土的、洋的，五花八门，兼收并蓄，一方面展示了湖湘文化既有的包容性，散发着青春期般的生机与活力的气息；另一方面也凸现了杂乱无章的嫌疑。特别招人眼目的，是平地而起的"欧陆式"楼群，不让美利坚、直追欧罗巴，恰如一股平白无故的逆流与歪风，稍稍留意一下媒体上各家房地产商的广告，不难发现商家是多么倚重这一"卖点"，更有甚者，夸耀自家楼盘与巴黎"异地双城，景致相通"。凡此种种，真让人忧心忡忡。从建成的一些"广场""花园"来看，多数"欧陆式"不顾及环境与周边建筑的协调与匹配，不伦不类，不中不西，怎么看都像一位洋装长辫的"假洋鬼子"。

建筑是湖湘文化的重要载体，也是长沙城从外貌和景观上有可能区别于其他城市的重要手段。湖湘文化的建筑遗产可供开掘的部分十分深厚，毛泽东文学院就是成功的一例，地方特色与民族气派，时代气息与教学功能结合得恰到好处。遗憾的是更多建筑与景观在大规模的城市改造中都让位于车流、人流、物流，让步于业主甲方的武断与莽撞，考虑了城市的现代气息与城市功能，却几乎忽略了城市景观独具特色和魅力的导向，看不出多少在营造湖湘文化特色方面的努力。

房地产商精明地抓住了这一自由而宽松的空间，不论出于商业的目的，还是自身文化素质的先决，盖楼伊始便主动迎合了少数富人贪大求洋的心理，不惜聘请香港乃至欧美的设计师，照搬照抄，在欧陆风情上做足了文章。我真担心长此以往，城将不城，或者星沙城蜕变（进化？）为巴黎城，那可是在错误的时间与地点建成的一个不伦不类的巴黎。

可叹的是一些媒体，不知无知还是有意，不加分析与判断地跟风起哄，访谈大多完整准确地体现着老板的意图，广告自然更没得商量的余地，仿佛欧陆风不可阻挡地成为当今的主流与时尚。而有眼光有远见的专家却依然虚位缺席，忍看着老城在坍塌中成为不再回来的风景。

最近北京的潘石屹，成都的陈家刚，分别弄出了点文化的声音，潘先生的现代城和陈先生的上河美术馆，无疑是在蜂拥而上的建筑群落里两道亮丽的风景，其真谛在于把经营的策略与文化理想有机地融合为一体，读他们的《现代城》系列丛书，读《分割的空间》，每每为长沙建筑文化的寂寞而慨叹不已。

营造长沙的长沙，不能听之任之，不能模仿抄袭，不能日新月异，而应从市民的社会生活和城市的历史中挖掘城市建筑与景观的灵魂，清丽、秀逸、神奇的湖湘文化之气，才能使长沙散发出独特而诱人的魅力。

（2000年12月18日）

读城札记

1.在对建筑与城市作描述与界定的时候，少一点不动声色，更要少一点漠不关心。那不是史前一座荒废的古城，譬如沙漠中的楼兰、森林中的玛雅或者泥与水覆盖下的庞贝。那是你和你的亲人、你常常为之动情的人民唯一的居所，从少年到老年及至终年，所有的快乐与希望、苦痛与安宁的每一道清晰呼吸的唯一载体与空间。

下笔行文的时候，多一些挑战，即对惯常思维的拷问；多一些批判，对权威话语与既成事实的质疑。奉承或噤若寒蝉是它在错误的轨道上滑行得更加畅快无阻的动力之一；还要多一些建议，如同建设本身一样，一条合理的意见透过媒体的扩张，可能形成舆论，成为一种推进或阻止的力量。

2.我们这个城市缺少必要的文化的声音。

上海也是一座新城，但上海文人对于城市的热情不亚于对精致生活的专注。光是陈丹燕一人就有数种著作，王安忆也有。天津一群文化人在冯骥才的鼓噪下，更是声色俱厉，《抢救老街》《手下留情》等著作都是一种责任感召下的行为艺术与文学行动。他对"建设性"破坏的城市改造狂潮拍案而起，邀集历史、建筑、文博、摄影界人士考察、编书、提案。他认为老街与古城是可触可摸的"充满魅力的精神空间"，记载着城市的性格史与精神史，那些关于家乡的意念与意象，便是我们灵魂的栖息地。

北京的声音更是持久而顽强，对所谓挽回古都风貌的大小亭子从来没有停止过批判，对任何一片甚至任何一幢老屋的拆改也从来没有放弃过呼吁。刘心武是其中有代表性的个体。而对国家大剧院空前对立的论辩就是其中有代表性的事件。

四川也有，昆明也有，即便是参与到房地产开发的热潮，毫不掩饰其以盈利为目的的本能，也看出了潘石屹的现代城和陈家刚的上河城，在铜臭气熏天的房地产市场吹拂起另类的有点儒雅的文风。

长沙从来就不缺乏文化与文化批判的实力。唯独在对待城市、在对待城市的大规模改造与重建中，几乎听不到任何的声音，相同的，相异的，批判的，哪怕赞美的声音。那些文化的良知与精英都躲到什么地方去了呢？仔细一想，所谓文学的湘军，多是湘籍各地进城的他者，既没有与生俱来对城市尤其对长沙的眷念，也可能就没有这种紧迫感和责任感。更有甚者恐怕在为城市的脱胎换骨与日新月异的变迁而沾沾自喜，一则那是旁人的故乡，二则那是乡场上几千年也难以领略的活剧。

3.现代城市对步行系统的轻视是一个重大的失误，最终将导致城市的衰落。美国洛杉矶中心区的衰落已经证明了这一点。当代城市的尺度已经是汽车的尺度，比如官方和民间，专业或非专业人士都习惯用几车道来表达。更多时候是强调其道路的水准，那是他们所引为自豪的现代化的水准。

我不算一名合格的现代人。计算机、英语、汽车驾驶执照，一样都没有过关。因而安步当车的时候，习惯于人的尺度而不是车的也就是驾驶者的眼光与标准。当我看到呼啸而过横冲直撞的车辆时，总是心惊肉跳，而车所造成的大气污染与噪音污染总是避之不及，只好任之忍之。每天上下班横过八一路时，总要驻足苦等，烈日与寒风中更甚。

→ 风格各异的建筑

为什么偶到西方国家的人对交通的话题总是新鲜敏感呢？我猜想那只是在同等的交通状况下车对人的尊重。

其实道路与车辆的矛盾是一对恒久的矛盾，路的增长永远赶不上车的增长。60米宽的时候，五一路不通；80米宽的时候，五一路仍然不通；增加到100米，情况也不会有根本的好转。北京的长安街就是一个实例。一次又一次拓宽的街道与路面，总是诱发出更多的车辆和更多次的出行，很快又将拓宽不久的路面重新塞得满满当当，从来就没有换来过预期的畅通与效率。

4.芬兰建筑大师阿尔瓦·阿尔托（1898—1976）有一句名言："只有当人处于中心地位时，真正的建筑才存在。"

阿尔瓦·阿尔托的建筑思想是如此丰富而又复杂：对古典和历史的珍重，对民俗建筑形成的汲取，对建筑与自然风景和谐的重视，对空间与形式在人类心理上造成的影响以充足的关注等等，都承传着芬兰知识分子对芬兰文化和外界文化力量共同热爱与尊重的健康态度。

我们的城市缺乏规划，缺乏有质量有勇气的规划师，但更为缺乏的是一种达成共识的建筑文化理想。在茫然无措的嘈杂工地上，阿氏的思想和智慧是一道耀眼的灵光。

5.《新周刊》第79期的重大文章是——《中国城市十大败笔》。

一、强暴旧城；二、疯狂克隆；三、胡乱"标志"；四、攀高比傻；五、盲目国际化；六、窒息环境；七、乱抢风头；八、永远塞车；九、"假古董"当道；十、跟人较劲。

如果天真地拿来对号入座，我们周围的许多城市都可以排得上座次，虽无全然对症之巧合，却有大同小异之通病。遗憾的是，至今拿不出疗救的药方。

6.旧城改造的"度"决定着整个城市运动的兴衰成败，而不仅仅是人让位于路。"步行运动"出局后"汽车运动"的起而代之，更是损失一种场、一种城市的记忆，几代人感到熟悉而亲切的情境，人与人、人与商、人与城市之间千丝万缕的联想以及千秋万代的积累。

长沙城市的历史约3 200年，但现在从整体风貌就算具体到单体建筑，绝大多数在20世纪八九十年代完成了脱胎换骨，这样一种剧变，无疑是一场刻骨铭心的痛，许多能唤起人们的记忆，区别于其他时代与其他城市的有品位的建筑已成为永不回来的风景，我本人目睹的就有：

1995年，中山纪念堂被拆。

1998年，上麻园岭团省委院陈明仁公馆被拆。我当年有某种预感，即请湖南新闻图片社黄建国先生留下了一组老照片，不久即拆。

1999年，五一路上原省供销社颇有民族风味的大楼被拆。

老照片已经弥足珍贵在图书市场卖得很火，而许多老房子、老胡同、老街是否更加诱人呢？

2002年4月，左公馆的拆毁，难得地成为建设与古建保护发生冲突的一个事件，因为新闻媒体的积极介入而引起了社会关注。尽管城规部门解释其不在保护的范围和名单之列，缺乏法律地位，但唤醒一种社会关注毕竟是一种文化觉悟。

7.城市的特色与个性是城市的魅力之源，营造富有湖湘文化特色的城市景观是城市改造与新建的急务。

长沙名城血与火的悲壮历史，造就了地面历史建筑物的极度衡缺，改造中的保护，要比同类的城市更为小心翼翼，必须呵护与珍视硕果仅存的暗示着历史"文脉"的遗迹与原物，应该像"显山露水"的创意那样，清除障碍与尘封，让它无言地凸现其岁月与沧桑叠加的深厚。

更重要的却是在新建中有整体的导则，对一个街区，一条街道，主要的城市景观，环境小品，城市雕塑乃至建筑群与单体建筑作出统一协调的刚性规定，经过程序性和层次性的权威评审。

我曾经建议建设部门，在广泛调研湖南地方传统建筑的基础上，解构其核心和基本的元素，比如马头墙、风火墙、吊脚楼、窗花格、黑白灰的整体色调等等，将之有机地重组到新建设和新建筑中，煞风景的遗憾可能将成为一组远逝的名词。

8.新拓宽的沿江大道宽敞舒畅，亮化与绿化确有一些现代气息。但下河街商贸城的巨大体量正好占去道路的1/3，一条车道和人行道不得不从大楼底部穿行，造就一处城市畸景。规划不力的败笔对业内外人士都产生着警示作用。

湘江大桥头口的交警大厦，更有欲与麓山试比高的气概。在由东至西逐渐递减的城市空间秩序上造成错乱，心里顿生诸多不快，规划受到行政干预而显得无可奈何。

湖南图书城与紧邻的国际财富中心从功能与建筑风格上的格格不入，五一广场四周建筑的斑驳陆离，不论过去式还是现在进行时，都证明着规划的滞后与软弱。

2000年版的《长沙市城市总体规划》让人看到了一片希望的曙色，集中了中国规划建筑及相关领域一流专家智慧与创造的文本，描述和界定了城市20年的未来。尽管规划总是赶不上变化，我们仍为之振奋不已。

9.建筑美是城市美的基本单位。建筑美蕴涵在结构、造型、空间、光线、色彩、雕刻、声音、环境及协调的各个方面。建筑美的层次与境界凝结在和谐、平衡与比例关系的设置上。

想美，就应该赋予建筑以生命，直线改造为曲线，棱角让位于圆通，沉重的色调和一些轻松的色彩，呆板的块面添加些化解的元素。从内至外，从立面到细节，都要注入一种生命与激情。

层次的变化与向上感，不仅完成单体建筑自身的完美与升华，也将同它的不俗家族系列一道构成城市的天际轮廓线。

长沙的建筑在呆板、雷同与错杂之外更多的是平淡与平庸。这在屋顶显得尤为明显，本应婀娜多姿的城市天空的韵律，缺少了生气与流变。外墙的俗气也算得长沙建筑一病，千篇一律的瓷砖贴面，真有卫生间外移于市的滑稽效果。其他环节，比如入口，缺乏引人入胜的悬念；比如台阶，缺乏视觉空间的变化；比如细部，要么就毫无顾忌，要么就经不住推敲。而大效果的造型、风格基本上乏善可陈。

对于城市的美，我们往往单向地期待建筑设计师的觉悟与水准，其实，业主甲方的眼光、经济实力与审美情趣往往起着决定性作用。当然还有城市审美的权威裁定机构，如果能有几个层次与类型的城市建筑文化评审委员会，集中审议单体建筑、建筑群、街道景观的审美价值，我们才有信心期待一个更加美好的明天。

10.湖南人民广播电台的记者刘朝清采访时问我："如果你是城

市规划设计师，你将如何安排设计我们的城市？"

这是个让人的想象放飞的愉悦的设问。我的回答如下。

我将按照城市的文脉，尽可能地保留城市的历史文化遗产，保护的范围不止目前的小西门与潮宗街两片，保护的名单也不止现有的27座近现代建筑，每一幢有历史感的，都要保留，经过1938年的文夕大火，经过20世纪50年代、80年代、90年代大规模的城市改造，有价值的建筑已是硕果仅存，再也经不住破坏建设的挥霍浪费了。我觉得建筑是古董，但又不能依据古董的价值标准来选择和保护，60年代、70年代和80年代有代表性的建筑，都可能成批地被保留下来。

我将特别尊重城市的自然，努力营造天人合一的意境。"显山、露水、见秀"不单是一句口号而应该变成现实。至少在主要的干道和景区都可以遥望岳麓山的雄姿。麓山景区和烈士公园是长沙的肺，我不允许添加许多人工的建筑垃圾，尽可能保留它的自然与纯净，无论如何我是不会将年嘉湖填平哪怕一个平方米，更不会指望在我手中有展览馆路横穿烈士公园的规划。

我将首先尊重人的需求，生存、发展、游乐按照普通人的尺度规划街的宽度，而不是当今流行的"车道"尺度，处处都能让市民感到一种细微的关怀，比如街头的公厕、园林小品，随处可以体感的座楼，当然还要设置免费的饮用纯净水。公共交通的发达与畅通，将根本改变我们数十年挤车的习惯。我也要将所有临街高楼的底层连通，造成一个步行者的自由开放的空间。

我要致力营造城市的特色与风格，建筑有湖湘文化特色的城市景观，建造符合科学与人文逻辑的城市空间秩序。

可惜我不是城市的规划设计师。但愿设计师也有或者吸收我的想法者。

（2002年4月）

让城市造福人民 ▌

  深秋的巴陵古城，依然花团锦簇、绿草如茵，处处流溢着蓬勃成熟的风韵。岳阳人民沉浸在荣获全国文明城市的喜悦与自豪之中。在岳阳的采访中，我们分享着丰收的喜悦，同时也清晰地感触到岳阳决策层和管理者执著追求的主题——让城市造福人民！

  让城市造福人民是岳阳在创建活动中对"以人为本"的丰富和深化。倡导在城市的文明建设中始终以人为核心和导向，以城市居民群众的需要和满足作为城市发展的出发点和归宿。它凸显了现代城市演变的轨迹，呼应着城市未来发展的潮流，更体现了党和政府一以贯之为人民服务的根本宗旨。

  在城市的话题越来越受到关注的同时，更多的人开始审视以往城市与城市人民之间的游离与脱节造成的偏差。群众无缘参与城市的决策与管理，而城市规划与建设的决策往往与群众愿望脱节，与实际需要脱节。个别地方甚至热衷与满足于敷衍塞责的表面文章。有的为彰显政绩，将规划朝令夕改；有的只图"脸面"，注重在当街显眼处锦上添花；有的为"迎检"达标，突击式地抓几天卫生和城管。凡此种种人民不满意、不高兴、不答应的"举措"，滞碍了城市的健康发展，也严重脱离了群众。

  岳阳市的经验却令人耳目一新。尽管该市有些工程还有待完善，有些撤迁还正在进行，有些规划才刚刚实施。但市委市政府尊重群众的态度、依靠群众的作风、造福人民的决心却表现得十分具体鲜明，给人以极大的鼓舞和感染。

岳阳市在诠释"城市造福人民"的主题中积累了多方面的经验。比如立足于长远的规划，一届班子接一届班子干下去，保持连续性的科学精神；比如既搞锦上添花的景观工程，又注重积极解决围绕居民衣食住行的"雪中送炭"项目的求实精神；比如，一把手亲自出面，披挂上阵的负责精神等等，都给人启迪。更有新意的是依靠群众决策，发动群众参与的群众路线，正因为有深厚的群众基础，在岳阳几乎没有所谓的"钉子户"，也没有所谓的"半截子"工程。政府和人民达到了以诚相待，心心相印，共创城市文明与美好未来的和谐境界。

　　让城市造福人民，既是一个宏大而高远的目标，也是一种寓于细微的具体行动；既期望在一两座城市有较大突破，也期待着各地都能积极有效地跟进。诚愿来自岳阳的文明新风和创建经验辐射和影响全省，让文明之花绽放三湘大地。

（1999年9月）

与时俱进的城市文明 ▌

　　五月的长沙，经过雨水的洗礼，更显秀美清纯。季节的变换，映衬出城市的勃勃生机。随着"世纪星城"采访活动的深入，我们真实具体地触摸到长沙与时俱进的城市文明。

　　今日长沙，日渐成为各种生产要素配置与商品交换最为便利的场所，带来城市经济的持续快速增长；今日长沙，城市广场、雕塑、园林、夜景等曾经遥远的"城市梦"，一个接着一个变成现实；今日长沙，便捷、舒适、宜人的人居环境，正在成为老百姓安居乐业的家园。市民对自己城市的热爱和自豪，发自内心，溢于言表。刚刚完成修编的《长沙市城市总体规划（2001—2020）》和国家批准的全国生态示范城市试点，勾画和预示着长沙更加美好的未来。

← 鸟瞰长沙城

长沙开埠两千多年的历史上，当代长沙人写下了最亮丽的一笔。越来越富有城市的引力和经济的活力，越来越富有鲜明的文化张力和独特的精神魅力，越来越具备可持续发展的实力和潜力，无愧于全省和区域的中心，无愧于湖南的"窗口"形象。

　　加快城市化进程已成为政府和人民的共识。长沙市在实践—认识—再实践—再认识的递进中，大胆探索现代城市发展的基本规律，不断取得阶段性进展，也给全省加快城镇化步伐提供了有益的启示。

　　与时俱进的城市文明，要求决策的科学和民主。城市工作的出发点和归宿是为人民服务，重大决策要让群众了解、理解、参与、支持、监督、评议；要有政府宏观判断和决断的果敢，也要专家论证的程序和意见；要有只争朝夕时不我待的追求，又要有精益求精慢工出细活的作风。

　　与时俱进的城市文明，要求突出生态和文化保护。良好的生态环境和深厚的历史文化遗产，是优势也是不可再生的资源。在城市改造和新建中要特别冷静审慎，强化"整体保护"意识，保护生态，保护城市的"文脉"。营造可持续发展的生态环境，营造具有湖湘文化特色的城市景观已经刻不容缓。

　　与时俱进的城市文明，呼唤对人的关怀与尊重。以人为本，把人当做城市的主人，才能真正赢得城市人民的拥护和赞成。营造"文明生活方式"的空间环境是必要的基础，注重市民的素质和全面发展是最终的目的。咸嘉新村等社区把农民转变为市民的经验尤其值得珍视和推介。

　　城市文明是时代与社会的真实映象。放在历史的坐标系比较，我们比出信心和希望；放在世界的坐标系比较，我们比出差别和距离。面对身边每天都在保持进步的城市，我们有信心迎接文明、秀美、富强的长沙。

（2000年5月）

大地上诗意地栖居

——关于常德城市的对话

时间：2001年8月31日

采访地点：常德市

播出时间：2001年9月28日

播出媒体：湖南人民广播电台新闻频道

主持人：康化夷

特邀嘉宾：蒋祖烜

　　主持人：听众朋友大家好，欢迎进入今天的《新闻经纬》节目，今天我们谈话的题目叫"城市随想"，嘉宾是省委宣传部新闻出版处蒋祖烜处长。大家也许要问，节目的主题是关于城市建设，访谈的嘉宾为何既不是城建专家也不是城建官员？因为我们的初衷是想让一个旁观者、一个居住者漫谈对城市的看法。

　　蒋祖烜：我想每一个城市人都是有资格、有权利对城市的问题发言的，而我的确有话要说。

　　主：这些天您和我们一起采访了常德市的城市建设，直接感受到常德这些年来日新月异的变化，您最大的感想是什么呢？

　　蒋：如果用一句话概括，我想借用德国哲学家海德格尔的一句话："人在大地上诗意地栖居。"在常德这几天我确实感受强烈，同我过去生活和到过的许多城市相比，常德确实给人耳目一新的感觉。如果具体分析，第一点，它的自然环境保护得非常好，这也是一个城市功能里所需要的，尤其是它的三山三水得到了合理开发，太阳山、河洑山、德山三大绿色屏障，森林覆盖率达到40%以上。三条水系穿紫河、沅江、柳叶湖，都没有遭到破坏和侵占，使常德市成为一个生长在绿色怀抱中的山水城市。第二点，常德的城市建设又是人文的，注重人的活动，规划有序严谨，管理严密又有人情味，这些构成了常德市符合现代城市发展特色的基本要求。第三点，城市功能。城市功能是一个市在一定区域范围内社会经济发展中的地位和作用，科学合理的城市功能布局有助于城市发展目标的实现。有句老话叫安居乐业，常德城市功能是完善的，我想常德人民可以在这个环境里安居、生存、发展。

主：这应该是以人为本在城市建设中的很好体现吧！

蒋：对，人居环境的核心是"人"，大自然是人居环境的基础，人居环境建设本身就是人与自然相联系和作用的一种形式，理想的人居环境是人与自然的和谐统一，即所谓"天人合一"。我特别注意到了常德在城市规划、建设和管理过程中对人的关怀、对人的尊重。它用人的尺度和比例来设计这个城市，同时也在城市规划中最大限度地发挥了人的聪明才智，实现了过去我们讲的人文关怀。这一点你可以从细节中去体会，比如常德的步行街是我省第一条高标准的步行街，它也是"全国百城万店无假货示范一条街"和"全国购物放心一条街"，在这里人的尊严和需求得到了一个抚慰释放的地方。不像我们有时走在很脏的街上，车辆、行人拥挤不堪，感觉很不好。

主：说起以人为本，现在有一个现象令人疑惑，就是到处都在搞城市建设，老百姓发现城市建设中有一窝蜂的现象，如时兴搞玻璃幕墙，就到处都是玻璃幕墙，把好好的树林砍了去搞草坪。您到过许多城市，是否也觉得有这种现象呢？

蒋：我们的城市意识在普遍觉醒也是在刚刚觉醒，城市化的过程是一条漫长的道路。一哄而上、贪大求全、盲目模仿的状况在很多城市确实存在，有的还比较严重，比如修广场，竞相攀比，越大越好。又比如说要体现城市的规模，马路越修越宽，在未来多少年内让城发展到多大面积，人口规模达到几百万，这些都是对城市发展的误解，城市化毫无节制的漫延，会给城市的发展带来很多问题。城市内部环境过度的人工化和密集化发展会带来严重的不良后果，如噪声污染、空气污染、视觉污染，人居环境从自然的极端走到了人工的极端，城市越来越大，人口越来越多，离自然就会越来越远。城市的发展和建设应该是适度的。刚才你讲的玻璃幕墙、草坪也应是适度、协调发展的，草坪在城市中净化空气的功能是很有限的，如果有种草、种树这两种选择的话，我推荐多种树少植草。

主：我想这些问题主要是牵涉政绩工程和民心工程的关系，也涉及其城市基础的滞后与发展速度超常的关系，您觉得这其中的原因是什么呢？

蒋：我认为有很多方面的原因，首先要肯定我们各级党委、政府开始重视城市，城市化是现代化建设中的必由之路，这么一个概念已经开始深入人心，只是在具体操作的过程中碰到了很多困难，产生了很多问题，也出现了许多矛盾。这是一个综合的因素，它既有城市人民的素质问题，也有政府的管理水平问题，有专业队伍不健全的问题，也有政府实力的问题，这些问题归根到底还是一个整体的文明程度和发展水平的问题。讲到政府，政府是我们整个城市建设中最大的甲方，城建的优势一方面与甲方的实力有关，如有没有钱，能不能拿出必要的投入。另一个方面与甲方的眼光有关，如果见多识广又有一定的文化涵养和水准，有过成功的经验和失败的教训，它可能对城建的要求和品位会高一些，所以我们对城市建设中的一些问题既不能操之过急，又不能听之任之。

主：那么城市建设中所谓的政绩工程和民心工程这种关系该怎么来处理和协调呢？

蒋：我觉得应该用江总书记"三个代表"的重要思想来指导、运筹我们的城市规划、城市建设和城市发展，这样很多问题就可以得到很好的解决。以前因为换届调动比较频繁，急于求成的心理比较普遍，有时为了让政绩更快地体现出来，建筑工程比较毛糙，短期行为比较多。事实上，党和政府与人民群众的利益是一致的，一方面要通过宣传和解释使群众理解我们的政府行为，理解大局和长远；另一方面要求各级政府努力实践"三个代表"重要思想，这样许多问题将会迎刃而解。人们在城市里安居乐业，人们诗意地栖居，这是最大的民心，这也是最大的政绩。

主：我听到过这样的议论，比如一方面修一条马路要投入很多，而另一方面有许多下岗职工需要补贴生活，那么政府的钱到底往哪边投好呢？

蒋：有争论是不奇怪的，说明城市居民对自己城市的关切度、民主意识在上升，参与意识在提高，这是件好事。过去讲人民城市人民管，但人民根本就管不到城市，现在群众可以发表意见甚至参与决策。另外，修马路拓宽城市、美化城市，是锦上添花，还是雪中送炭，这件事情大家要分析一下，城市如果污染严重，交通拥挤，形象不佳，没有营造一个适宜的人居环境和投资环境的话，那么客人不来，商人不来，城市相对封闭，发展相对缓慢，这样对整个城市人民的根本利益是一种损害。如果下大力气把整个城市的品位提高了，投资环境改善了，经济发展了，那么全体人民的利益最终会得到提高。

主：城市变化的迅速和巨大让我们目不暇接，但我想，城市建设应该是有连续性和持续性的。

蒋：对，城市的规划和建设是一个慢工出细活的事情。我知道这

样一个细节，巴黎这个城市从建成到现在才编制了五份规划，两百多年才有五个规划，平均一个规划要管四五十年。而我们的城市规划管多久呢？管3~5年。当然这里有客观的原因，就是经济的快速发展，城市的急剧膨胀。但是也有主观的原因，就是我们对于城市了解不够，懂得不多，好心办坏事的情况比较严重，所以变化太快，有可能浮皮潦草，在城市建设中留下了许多遗憾。

主：城市规划是否应该有一种法律的效应？现在群众说我们的马路是拉链马路，房屋是积木房屋，那么您认为怎样才能解决这个问题呢？

蒋：解决这个问题的关键就是要有法必依、执法必严、违法必究。在我国的众多法律里面，关于城市建设的法律是于1989年颁布制定的，从1990年正式执行到现在已经10余年，这是执行得不太好的一部法律，比起《计划生育法》《国土资源法》来其力度是很小的，很少有听说过因违反《城市规划法》而受到处分和刑罚的案例。

主：我国为什么会出现这种情况，而有些发达国家则处理得较好呢？地下通道建设可保100~200年，而我国的地下通道今天一个部门挖一下，明天另一个部门来挖一下，这其中和我们的管理体制、部门设置是否有关系呢？

蒋：原因有几个方面，一是我们的法律没有得到普遍的关注和执行，另外一方面社会主义市场经济让我们碰到了许多问题，比如现在建筑设计、建设一般由业主、投资方来决定，由业主决定主要考虑如何尽量节省投资，节约开支得到回报，那么，很多按法律规定配套建设的公共设施如路灯、树木、草地等就能省则省，能减则减。在市场经济中普遍存在部门、单位、个人利益最大化的追求和大众公共利益被忽视、被忽略的矛盾，城市建设也不例外。

主：现在在城市化进程中，很多城市都提出口号向国际化大都市迈进，那么您觉得在城市的建设中怎样处理国际化与地方化之间的关系呢？

蒋：现在城市建设中盲目追求一个城市的"大""洋""全"这

个现象比较普遍。我们在改造城市、发展城市中当然有许多事情要做，要有破旧立新的决心和勇气，但面对城市改造我们必须十分慎重。俄罗斯的大文豪果戈理说："一个城市是一部石头的著作，每一个时代都要留下光辉的一页。"今天我们面对城市时，我认为要慎重对待城市的历史。如常德曾经有一段历史悠久的城墙，听说因为城市的改造拆迁了，我觉得很遗憾。我也听说常德市有非常典型的常德民居，这种民居是有江南水乡特点的民居，现在这种民居也保留得不多了。整个城市变成一个脱胎换骨的新城，找不到城市的来踪与去向，用建筑术语讲是城市的向脉，这也是一个很遗憾的事情。

城市要向国际化大都市迈进，一定要符合当代城市功能的要求，跟国际靠近，与国际接轨。一个城市的基本功能是生活的功能、居住的功能、休息的功能和交通的功能等，衣、食、住、行都要非常舒适、便捷，体现对人的尊重。另外一点就是，一个城市如果把它的特点，把他们的先人创造，历史文化积淀下来的地上、地下的古迹与文物损毁散失了的话，这将是一道永不回来的风景。

主：对于城市来说应很好地找准自己的定位，要保持自己的特色，不要抛弃自己的历史。

蒋：对，要保留一个城市的特色。一个城市就像一个人一样，有个性才会有价值，越是地方的，就越是世界的。有一些古城，像山西的平遥、云南的丽江、安徽的徽州，还有湖南岳阳的张谷英村，这些古城古建保留下来了，它成了一个地方最高文化价值的代表物，也使这个地方变成了最有特色的城市。长沙最有历史文化特征的是"井"，所谓"九井十三桥"，白沙井、白鹤泉井、水风井以及走马楼与井中出土的三国吴简，构成了长沙独有的也是其他任何城市不可模仿的文化符号。在目前湖南的城市改造和新建中，特别值得强调的是保留和营造有湖湘地域特色的城市景观。

主：不能让每个城市都一个模样，就像写文章不能千篇一律一样。我们现在城市建设中如何使眼前利益与长远利益，局部利益与整体利益协调统一呢？常德城市还有哪些值得注意的问题？

　　蒋：城市的发展是一个涉及面非常广的系统工程，它有时照顾甲方就会损失乙方，注意了当前就会损失长远，所以我们在城市的经营中，确实要有一种非常平和、慎重、慢工出细活的心态，从建设的规划和质量来讲，我们一定要着眼长远。我参观过西班牙巴塞罗那的一个教堂，我去的时候是1998年，当时它已经建设了150年，并且还将建设150年，一个工程要建到300年，这样的工程是能经受住时间的考验的。而现在我们的许多建筑还只建成10多年不到20年就已经过时落后了，这样造成的损失比一次性高起点、高水平规划好的优秀建筑损失要大得多。我们现在有专门建设城市、规划城市、管理城市的机构，但是没有专人来研究城市，批判分析城市，从理性上对城市的发展和未来进行观照。一般认为规划做完了，也就一劳永逸了，规划是否实行了，并没有一种回访制。城内残留的那段古城墙直观而形象地证明着常德城的久远历史，叠加着许多美好的想象和故事，千万不能再拆了。

　　常德市城市建设也有些值得注意的地方。第一条是城市建筑特色问题，常德作为洞庭湖滨城市，应该较多地汲取湖湘民居的元素，让这个城市有个性和特色，从单体建筑、建筑群落到整个城市的建筑风格上都应注意这点。

　　第二条是必要的高层建筑问题。高层建筑有什么好处呢？高层建筑是一个城市天空中的音符，是这个城市的天际轮廓线，让人从很远的地方看到这个城市优美的身姿和轮廓，高楼往往成为城市的标志，如香港的中银大厦。一个城市要有一定的高楼，高楼可以造成定位感和归属感，我们可以通过高楼找到我们生活的地方和要去的地方，适度的高楼使城市有生长的感觉，有向天空生长飞腾的想象和欲望，"崇高"天然地在人的思想中具有重大的美学价值，正是由于高层建筑的这种极具力量的精神价值，高层建筑比人造环境中的其他要素更具特殊的魅力。人在做建筑时基本上都是这个出发点。但高楼要适度，高楼要规划好，不要太错杂、密集、重叠，不能相互影响，否则会造成城市空间的"内部化"和"私有化"，会造成许多阴影、局部小气候、噪声、环境污染以及城市灾害等。这使我们对于高楼也不能盲目追求，高楼与广场、高楼与人的风格、高楼与低楼等都要协调好。给高层建筑留出一定的空地，则能明显提高建筑的观赏价值，加强城市空间的特点。常德的高层建筑要避免从一个极端走向另一个极端。

第三条是"融城"的问题。常德市城区为江南、江北和德山三区，区与区之间应该有明显的区位判别和功能上的差别，我听说德山区和鼎城的江南区正在日益靠拢和缩小距离，今后将融为一体。但它们应该有较明显的功能上、特色上和地理上的各自风格，这一点我们长、株、潭三城一体化也可以借鉴，有关人士也在考虑怎么让三地融城，融城主要讲经济一体化，交通、通信、金融的一体化，但绝不意味着这三个城市变成一个特大城市，城市中间应有必要、适度的间隔区，有绿化带和农田，有各自的分工和特色，希望在我们的城市中有城市绿化带，有城市森林。常德市三个城区间如果有十里荷塘、有稻香蛙鸣、有都市里的村庄，这个城市将是一个非常有特色的山水田园城市，这也将是一座独一无二的城市，恰恰符合"世外桃源"式的常德城市历史的文脉。

主：城市与建筑的关系是什么呢？

蒋：城市的主体是建筑，建筑是城市的主角，过去我们对单体建筑和建筑群确实重视不够，也就是对"脸面"重视不够，如玻璃幕墙给人有晕旋的感觉，造成光污染。门是建筑的"眼"和"嘴"，有灵气的地方，我们过去设计得较为呆板，没有注意细部，如门楣、门廊等。广场、绿化带等也是一样，这些建设都要为城市景观的整体美作贡献。

主：各个建筑个体都应是讲艺术的。

蒋：对，应该像是一个艺术的长卷，总体上很美，每个细节也能经受推敲，耐人寻味。

主：常德市城市工作有一个重要的经验是"四个城市"一起创，几个轮子一起转，避免了城市建设管理中的内耗现象，您认为常德的做法对别的城市也有借鉴意义吗？

蒋：常德市城市环境十分优美，城市发展后面确实有它与众不同的独到之处，我想它是真正重视了城市最基础的工作规划，它是我省第一个设立规划局的市，在市级机构改革中第一个把规划、城管、城建三块管理格局统一起来。它的好处是避免了很多重复、内耗和浪费，规划的节约是最大的节约，近十年来常德市坚持"一支笔"审批制度，由一位市级领导来审批整个城市规划。另外常德市还前瞻性地注意城市中期、长期的规划法制，对规划中的大型项目邀请清华大学、同济大学、国家级的城规机构等国内及国际一流的规划设计单位来招标和竞标，大大提高了规划的水准，这是常德很有特色，很值得其他城市学习、借鉴的地方。

主：我们感觉，常德在城市建设中，部门之间扯皮的现象很少，扯皮的情况在别的城市似乎比较常见。

蒋：在城市化的进程中，部门的利益、个人的利益、政府的利益和群众的利益之间，确实会有具体矛盾，这个不奇怪，关键是一要有以人民利益为重的原则；二要有一个较顺当的管理体制。常德这两条已初步实现了。

主：城市市民的素质直接、间接影响着城市，您是搞思想意识形态工作的，您认为城市建设中硬件与软件建设怎么样来同步发展呢？

蒋：人是城市的主体，城市是人建设，是人管理，城市最后一切归宿是为了人的尊严、人的发展。从常德、长沙来看，对人的新生和关怀已经提到了一个新的高度，人改造环境，环境也在改造人。我们城市人口多而复杂，把人的品位提高，与城市相适应是一项艰苦的工作。俗话说：三代出贵族。环境对人的教化作用、功能是很强大的，常德在城市文明的创建中，下的工夫和努力是非常具体和有创意、有成效的。常德很干净、整洁，在优美的环境中，人的觉悟提高了，把人性中最光辉、最优美的方面挖掘出来了。

主：有人说常德这10年之所以变化大，和常德人敢争、敢闯的常德精神有关系，您怎么看这个问题？

蒋：我觉得常德精神，是湖南精神和湖湘精神的组成部分，表现在"先忧后乐""敢为人先""经世致用"等方面，尤其在常德表现得比较充分。听说长常高速公路是争来的，原来只打算修到益阳，后来争来了。机场是争来的，火车站、常德海关也是由常德市争来后把最初低档次的规划和设计改建成如今的样子，所以常德人表现得比较优秀，在各项工作里头，有争创一流的劲头。

主：常德精神是否和地理位置、历史脉络有关系？

蒋：常德是一个文明古城，建市的历史早，它建城的历史有2 200多年，最近澧县发现了有7 000年历史的古人类遗址，把人类文明的历史推前了2 000年。常德市早有"黔川咽喉，云贵门户"之称，它还有许多文化的足迹，特别有名的是《桃花源记》，刘禹锡的《竹枝词》"东边日出西边雨"，历代圣贤有屈原、宋玉、杜牧、苏轼、王安石等在此宦居游历，还养育了宋教仁、蒋翊武、林伯渠、翦伯赞、丁玲等民族俊彦。常德文明的历史和发展是很充分的，值得赞扬的是把这些保留和发扬光大了，如常德诗墙长3 000米，由1 000块诗词碑墙组成，成为中国一景，是常德的骄傲。所谓精神是一个民族的灵魂。一个城市，一个人都是要有一种精神的，正是这种精神在常德得到了发扬。在城市发展中我们一方面要注意硬件，如景观、道路、广场、建筑等的建设，同时要注意精神方面的塑造，致力于市民素质的整体提高，那是一座非人工的纪念碑。

主：城市建设对领导者是否提出很高的要求呢？

蒋：城市的领导者就是一座城市的家长，当家作主的人、决策人，因此要求城市的决策人提高自己的文化素养，熟悉、热爱城市，还要建立科学、民主的决策方式，在决策一个城市命运和未来走向时，要有强烈的法制意识、民主意识，让群众来参与，要有科学的决策，不能像过去那几拍，即拍胸、拍脑、拍屁股，必须要对党的事业、人民的利益、城市的命运高度负责。常德城市的今天，与市委市政府领导的决策水平是紧密相连的。我们曾组织"文明在岳阳"的城建采访，当时岳阳市一位主要领导提出的"见山不挖、见树不砍、见塘不填"的策略，给人留下了深刻印象，表现了城市决策者的远见和魄力。具体做方案的过程，要有一流的专家参与，还要有两个以上可以决策的方案和可行性论证报告，建立严格的回访制以及责任追究制。

主：您去过国外一些地方，您感觉国外城市与我国城市有何不同，有哪些值得借鉴的地方？

蒋：我去过一趟欧洲，我觉得反差强烈，欧洲城市小，我去过的10多个国家中最大的城市是巴黎，其他城市我不知道是规模小还是设计得好，似乎都没有长沙热闹繁华。规模控制都较适度，人口少，历史风貌保持得好，除法兰克福外，其余都是历史古城。他们对城市文化、历史保护的意识很强，法律特别严格，许多房子外观不能动，只能里面进行装修，不像我们这里经常使建筑脱胎换骨。

他们对民族文化很尊重，对民族传统很珍惜，有一种全民族发自内心的东西，这一点值得我们学习。我国浙江舟山市在古建筑专家的强烈反对下，还是拆掉了几个很有历史特点的建筑，像这样的事情还经常发生在我们当今的城市建设和改造中，这是特别遗憾的。

主：有人说城市限制人的创造力，常德有这个问题吗？

蒋：城市让人聚集，把许多人围在一起，在这样的环境中人的活动空间、人的想象力确实都受到限制。但建现代新城时，应该是闭合和开放相结合的形态，要立足稳定，又要放眼世界，希望人是在大地上诗意地栖居。

常德人的生存、需要和发展的诉求得到空前的保持、爱护和尊重，人的创造力也得到极大发挥，人们对城市的参与、管理、建设得到了充分发挥，这也带来了一个人流、人气，带来了一个崭新的城市风貌。常德的未来，在常德市委市政府的领导下一定会更加美好。

主：今天蒋老师为我们讲了许多精彩的观点，我们的思绪漂浮得很远，但都是围绕城市建设这个主题。希望今后听到您新的见解，谢谢！

我们共有一个城

——关于长沙城市的对话

播出媒体：湖南人民广播电台

播出时间：2002年5月20日

记者：刘朝清

嘉宾：蒋祖烜

新长沙的城市建设和城市规划是当代人民智慧和创造的凝结，是一座非人工的纪念碑。

记：蒋处长你好，最近的"世纪星城"大型采访活动，20多家媒体一起深度地触摸了长沙文明。对长沙的巨变，我们看在眼里，喜在心里。作为一个对城市建设和规划方面有所思、所想的宣传工作者，您有什么感受？

蒋：宣传思想工作是以现代文明、现代人的素质为对象的，关注城市、关注城市人，是宣传新闻工作恒久的课题。这几天，走了些地方，访了些专家，读了些材料，感受很深。从一个长沙市民的角度看，我们过去的活动范围非常局限，听到的声音比较单一。这次实地采访，开阔

了视野，增长了见识，增加了作为一个长沙市民的光荣感和自豪感。

记：这点感受我也有，因为作为一个外来移民，我最早到长沙是在1995年，长沙给我留下的第一印象是，整体色调是灰色的，不过这也有可能是南方多雨的缘故。我是2000年在长沙定居的。长沙这两年的变化，可以说是日新月异。您在长沙居住、生活的年头肯定比我长一些，我想长沙的变化对您的触动应该更强烈一些。

蒋：我在长沙到今年5月份是整整10年，目睹了城市一天天发生的变化。特别是近年的这种变化是加速度的。长沙日渐成为各种生产要素交换的一个最便利、最有吸引力的一个地方；长沙居民更加热爱这个城市市场繁荣、经济兴旺、安居乐业、人与自然和谐相处的这么一种新境界。

长沙的城市文明体现了时代和人民的要求，是实践江总书记提出来的代表先进生产力的发展要求，代表先进文化的前进方向，特别是代表广大人民的根本利益的。对长沙的大动作和大手笔的策划、建设和城市的管理是有争议和有非议的。我记得最早听说要建五一广场的提议，欣喜不已。后来听说有不同的声音：长沙市还有那么多的下岗职工，现在重要的是要雪中送炭，而不是锦上添花。建广场的事情果然暂停下来了，我很遗憾。现在大家看到通过五一路的改造带来的城市变化，实现着一个一个对这个城市的梦想。我们周围的人同样为回到这种如诗如画、如梦如幻的景况里而感到欣喜。

记：就我所了解，长沙市决策层和老百姓，没有满足于取得的这一点变化，他们在做更长远的规划，也就是规划到了2020年，甚至是

↓ 橘子洲头

2050年。对这个远景规划，您有什么看法？

蒋：长沙市最近完成了2001—2020年总体规划纲要的修编，并且又接着完成了详细的分区导则。完成规划有几个步骤，最后要经过国务院批准，这是从程序上来讲的。从实践上来讲，要完成这个规划要做的工作就更多了。用现代概念对城市进行规划，这是新中国成立以后的事情。正式经国务院批准的有两个规划，一个是1979年版，1981年国务院批准了；一个是1990年版，1993年国务院批准了。最近的这个版，简称2000年版，已经报送了国务院。这个规划起点比较高，两院院士周干峙、吴良镛等全国一流规划建筑专家参与了。

这个规划建筑一是具有前瞻性，它是考虑到20年后长沙作为一个大的生态和经济区域中心城市来设计的；二是它有比较好的操作性；第三，我特别感觉到有意义的就是它有一个民主化的过程。"发展中的省会长沙"大型展览把规划的内容放在田汉大剧院展示。6万多人参观了这个展示，提出了5 000多条意见和建议，其中有40%的建议得到了采纳。这次规划是我们时代和人民意愿的凝结。做这个规划的投入，数额是很大的，如果把这些钱用到建设上，可以建一个相当大的建筑物，我想它是一座非人工的纪念碑，也是长沙发展的一个里程碑。

这个规划很好地反映了长沙的几个特点：一是从区域经济方面来讲，

→ 长沙开福寺

把长沙定位为区域性中心城市，这符合长沙现在的地理和历史位置，特别是它的经济区位。二是很好地反映了长沙山、水、洲、城浑然一体的自然格局。在这个规划里，对自然的东西更多的是强调保护，是利用，是显山、露水、见秀。第三，规划还特别地关注到了长沙作为国务院首批公布的"全国历史文化名城"的特点。确立了岳麓山、小西门、天心阁、潮宗街、开福寺五个历史文化风貌保护区，确立了一批文物单位和27家近现代建筑的保护名单。使得历史的文脉不至于在这次新世纪的大规模建设中突然中断，使得这个城市不成为一个只有20年历史的城市，而是要让人们看到两三千年以来发展的痕迹，使得这个城市的文脉得以延续，使得这个城市的发展有一个科学的依据，甚至有一种稳定的法律保障。

记：谈到这一点，我想到我在采访中了解的一个事实，就是2000年版的长沙市整体规划也上报了人大，通过人大这种立法的形式，以确保规划的延续性和权威的地位。而在以前，比方说1990年版的规划，也是一个科学性、前瞻性相当高的规划，受到了国家有关部门的高度评价。但是在十年的实施当中，随意变更很大，有规划不依。如果这个规划贯彻执行的话，那今天的长沙是不是就可能不用这个2000年版的规划，就这个问题您怎么看？

蒋：时代是前进的，有很多事情是我们没办法预料和预设的。比如说，我可以肯定当时没有考虑城市的电脑及网络问题，城市人口的发展可能也考虑得不很详细。特别是1990年还没有确定按照社会主义市场经济的发展道路来建设有中国特色的社会主义。对于长沙的人流、物流、作为一个商贸中心的功能等各个方面的要求，考虑得是欠周到的。再好的规划，包括现在新版的规划，不可能完全预想到未来20年的情况，都做出周密、妥善的安排。必定是存在决定意识，而不是意识决定存在。所以规划总是被变化所超越。有规不依、有法不遵、违法不究，这种现象在城市规划中确实是一个比较严重的问题。《城市规划法》在各种法律执行中是相对比较薄弱的，行政的意志比较多，特别是有一些大单位对本单位局部和眼前的利益考虑得比较多，急功近利，往往突破规划。在加强社会主义民主与法制的进程中，特别要宣传《城市规划法》，增强城市规划意识。

记：可以这样说，不管是1990年版的规划也好，还是2000年版的规划也好，都是一个科学的规划。这个科学的规划并不等于一个合理的现在。

蒋：我们看到了一个美好、科学、完善的规划，但是在实际建设中又有相互错乱和矛盾。比如说岳麓山底下的超高建筑，那种颜色与大自然的不协调、斑驳陆离的景象。因为岳麓山本身不高，下面的建筑物太高，就使它的相对高度降低了。五一广场周围的建筑是相当混杂的，有国际风格的，像平和堂；也有所谓欧陆风格的，像万代广场；还有不伦不类的，像"新大新"。站在那个地方使人恍恍惚惚地不知身处何处，不知今夕何夕。芙蓉路上正在建一个国际财富中心，它和周围的图书城以及其他建筑物的造型、色彩、风格反差很大，很不协调。为什么会出现这种状况呢？有一种解释说，因为规划是管总的，管不到细的，总的规划是管一个大的概念，分区规划也只管到一个区域，详细规划具体管到一条道路、一个街区、一幢建筑，全部来实施确实有困难。还有一种解释说，因为规划总比变化慢，从总体规划制定到具体详细规划的确立，这中间有一个较长的时间过程。但是我们的建设不能就此止步，不能停工待料来等详细规划的出现。等待的过程中，房子是要建的。我想还有我们建筑师的责任感问题，是我们乙方、设计师、建筑师对这个城市品位、城市风貌的把握和一种促进它更美的责任感的缺乏。建筑师考虑的更多的可能是造价、工期和质量。至于我这栋楼和周围的建筑是不是协调，是不是能够构成一种和谐的美，这个恐怕不是没有这个水平，而是缺乏这种责任和觉悟。在目前这种市场经济的条件下，在缺乏强制性制约机制的状况下，更多的要靠建筑师的职业责任感，对这个城市的责任感。觉悟提高了，他会主动做得更好、更完美。不然他就只考虑这几个硬邦邦的指标。

记：建筑师是不是应该有一个宏观的概念，他应该首先在了解长沙市这种独特神韵的基础上，了然于胸的时候，才能做自己的作品，不能胡乱涂鸦？

蒋：两个方面的原因都有，对建筑师提出这样的要求合理合情。

但是在现实中还是有差别和矛盾，我们不可能要求每一个建筑的建筑设计师都能够花很多的时间和精力，有那么高的学养，对文化内涵有那么丰富和准确的把握，然后再来做设计。作为甲方来讲，他的知识是有限的，他考虑的是本体建筑物，这个工程的造价。最多考虑它的功能，考虑它的质量。甲方也有这个责任主动地考虑建筑与社会、环境和文化的关系，所以这是一个双方的责任。

城市的个性昭示着城市文明的价值，建筑、雕塑、园林的地方与时代特色才能聚合成湖湘文化特色的城市景观。

记：我在长沙市有点迷失于钢筋水泥的建筑物当中。我的老家在河北，如果老家的朋友问我，你在长沙的感觉和河北石家庄的感觉有什么不同，我的回答就是两个字"没有"。因为长沙现在与其他现代化新城都在追求高楼林立。真正地体现长沙市这种独有的文化特色和山水特色，我觉得它还做得不够。

蒋：长沙和周围一些新兴城市来比较的话，缺乏城市的个性和特色。但是从长沙特有的山、水、洲、城的自然格局来讲，它是有鲜明特点的。长沙独特的自然景观已经帮助长沙在定位。对于城区内部空间及组合秩序，我有几个想法：第一，就是努力地营造一些建筑精品，这样

← 日新月异的长沙

的建筑不光是好用的，同时也是好看的，是能够经受得住时间考验和历史风浪淘洗的，100年还不过时，除了里面可以工作、生活、住人，还可以成为艺术品。第二，在主要的街区、道路通过标志性建筑、城市雕塑来帮助定位。第三，可以通过绿化和园林，比如说根据长沙的特点在不同的道路栽种不同的树木，设计不同的园林，这也是可以帮助我们在城市里定位，找到一种归属感的方式。

记：长沙的雕塑好像数量不够，真正能给人留下深刻印象的可以说凤毛麟角。长沙市的城市雕塑应该是个什么样子？

蒋：你说长沙的雕塑应该是什么样子，这很难用统一的标准来规范它，那样它又会失去特色。总的想，长沙市的雕塑应该是异彩纷呈、风格多样的。雕塑有两大类别，一个是抽象的、有现代感的。第二个相对来说是具象的，包括一些历史人物、历史故事、历史事件的。天心阁下的太平军攻占长沙的群雕，是有历史感的，比较具象一点，是现实主义手法。两个大类都要与湖湘文化的风格相呼应，要与城市雕塑设置的背景和环境相协调。这两年，长沙市的城市雕塑在大踏步地前进，已经在芙蓉路一线和沿江大道一线基本构成了一个城市雕塑群。目前正在设计黄兴路步行街的城市雕塑，准备设计成历史老街历史风貌的这么一些雕塑。五一前后，芙蓉广场大型的铜雕"浏阳河"将矗立在市民的面前。这个雕塑的高度、宽度、体量，特别是它的创意，我想将标志着近些年来长沙城市雕塑的一个新水平。当前正在着手讨论的长沙城市主体雕塑

→ 我们共有一个城

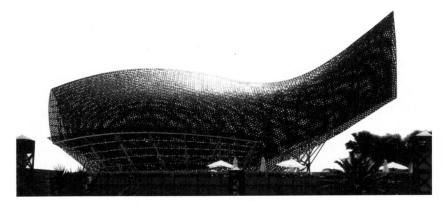

"湖湘魂"，将标志着长沙城雕跨入了一个新的境界。

当然在城市雕塑里面，因为我们的创作队伍相对薄弱，与城市发展实力的步伐还有相当的距离，再加上缺乏一个权威的评审机构，所以留下了一些遗憾。最近在侯家塘立交桥下的所谓"球"系列雕塑，用巨大的不锈钢钢球做成了一个球系列雕塑组。还不讲它本身缺乏更多的创意，就是一个圆球，那种不锈钢的外壳也造成了一种非常刺眼的效果，讲得不好听就是光污染。好在最近长沙市已经意识到此类问题，准备向全国接轨，在全国范围内招标，吸引更好的雕塑创意和雕塑作者。另外，长沙已经成立了城市雕塑委员会，由这个比较权威的学术性机构来评审将要矗立在长沙街头的各类雕塑。这样，过去比较混乱、比较粗糙、比较低层次的状况会得到改变。

记：跟长沙市同样有这样自然禀赋、比较近似的国外比较先进的城市，其建设做得比较好的，能不能跟我们谈一谈？

蒋：对国外印象最深的是国外的城市，是城市的建筑。我们到国外主要是看广场、看教堂、看市政厅、看雕塑、看博物馆、看艺术馆。比较而言，一个是规划要比我们早得多。像巴黎城市规划已经做了200年了，我们却是近几十年的事情。第二，他们的建筑精品要好得多，多得多。柯布西耶的朗香教堂是一个只能容纳不到100人的教堂，大概离巴黎有七八个小时的路程，每年有几十万的游客就专门去看这件作品。国外建筑系很多是设在艺术学院里面，他们是把建筑作为一个艺术品来看待的。城市的品位，更多地体现在建筑上。我国香港特别行政区地方很小，寸土寸金，但是它的建筑质量的标准、艺术水准，大师参与的程度，那是我们望尘莫及的。光是中环广场一带的建筑，色彩纷呈、造型各异，从维多利亚港湾看过来，造就了一道非常优美的天际轮廓线。你要这个城市整个美，你必须要每个街区美，街区美则要每个街道美，街道美又由建筑、桥梁、广场、园林、雕塑来构成，所以要细。我觉得我们现在还是有一点急功近利，比较浮皮潦草。

记：尤其是那种积木式的房屋给人的感觉相当差。

蒋：积木式的房屋是所谓的国际风格，它是一种适合大生产的组装、建造的潮流。省事、省投资，但是它的品位和档次要低得多。

记：我觉得积木式的房屋放在纽约的曼哈顿，放在其他现代化的城市，感觉会很和谐。但是长沙，作为历史文化悠久的城市，这种积木式的建筑，那是格格不入的。

蒋：这是一件很无可奈何的事情。因为城市的实力、建筑师的实力、业主的实力和眼光，目前就是这个水平，甚至他们会觉得还不错、很好看、很现代化、很气派。但是过了若干年以后，大概过二三十年以后，回过头来再看，会觉得非常丑陋、不值一提。这些建筑的生命是比较短暂的。

记：长沙作为一个有着悠久历史和文化积淀的老城，在迈向现代化的进程中，应该怎样找到和发挥自己的特色？如何让别人认识它这种独特的个性？

蒋：城市的个性有其具体的载体，比如说提到香港，人们就会想到维多利亚港湾；提到悉尼，就会想到悉尼歌剧院；提起巴黎，我们就会想起香榭丽舍大街和凯旋门、埃菲尔铁塔。城市的一些标志性的建筑，标志性的街区，当然还有一些软的文化的风情和民俗，构成了这个城市的个性和特色。城市的个性就是城市的生命，城市文明是城市竞争力的综合标志，它的资源是隐形的，而且是长效的。它不一定那么直接，不一定很快地体现出来，甚至有的要过若干年以后才能显示出来。比如说我们现在看到的丽江，它给整个丽江地区包括云南都带来了文化方面的效益和知名度方面的效益。仅仅是10年前，它还"养在深闺人未识"。

记：这还使我想起一句老话：民族的，也是世界的。像丽江这样有独特文化的地方，就被定为世界文化保护遗产。

蒋：城市的现代化进程中，全世界的潮流有两种，一种就是拆了再建，建了又拆，一种就是始终比较好地保留了原来的建筑、城市的特点和风格，是"整体保护"概念。意大利保护得很好，日本也保护得可以，但是法国和其他一些国家就有一些破坏性的建设。长沙是国务院首批公布的历史文化名城，湖湘文化在整个中国文化里面有着非常强烈和鲜明的文化个性。比如说，能吃辣椒，敢为人先，从屈原的"虽九死其犹未悔，吾将上下而求索"，到范仲淹的"先天下之忧而忧，后天下之乐而乐"，到杨度的《少年中国歌》里面"若要中华国果亡，除非湖南人尽死"，再到毛泽东主席的"为有牺牲多壮志，敢叫日月换新天"。这种湖湘文化的个性是特别张扬，特别强烈和鲜明的。但是这种个性的特色体现在我们的当代城市文明里面，可触可摸的相对来说就比较薄弱。缺失城市特色，这是应该引起我们关注忧虑的，提醒我们去努力改进的。

记：这个现象是全国一个普遍的现象，但是作为有着悠久历史和深厚文化积淀的长沙也是这样的话，就让人感到遗憾。

蒋：长沙城市的魅力不仅体现在神奇瑰丽、藏龙卧虎、高深莫测的湖湘文化传统，还应体现到与湖湘文化的内涵相呼应的城市形象。对老房子、老建筑、老街区的保护要加大力度。1938年，国民党在抗战中的焦土政策，3天3夜的"文夕大火"，使古城遭遇一场劫难，地面上的建筑损毁十之八九，保留的为数不多的老房子和老建筑已是硕果仅存。新中国成立以来几次大规模的城市建设和改造，又有一些拆迁。新的城市营造的时候，对这一点注意得也不够，都是国际风格比较流行，欧陆风格比较盛行。你看长沙的屋顶，不少是平的，是平面的也是平庸的，建筑材料多是用的水泥、混凝土，特别是玻璃幕墙造成的光污染，城市小品和其他能反映城市个性的建筑物太少。

记：这是不是跟我们原来处在相对的一段比较自我封闭的状态下，猛然打开国门，盲目地学习国外的一些东西，最后没有学得像，也就是所谓的"邯郸学步"有关系呢？而且还有建筑师本人、规划部门自身的水平的限制，造成了现在城市从美学的角度去看比较欠缺。

蒋：这是一个通行的城市病，在打开国门以后，我们几乎所有的大的城市、中等城市在改造过程中都走过了一段弯路。放眼世界，很多国家也走过这样的弯路，把一些好的值钱的拆了，盲目地照搬和借鉴，千篇一律，千城一面。

记：保留下来的这些具有湖湘特色的建筑，确实能让人从中体会到一种历史的沧桑感，能从里面得到一些灵魂上的更高层次的满足。比如说我们漫步在第一师范的校园里或是在天心阁走走，尤其是在岳麓山、岳麓书院的环境下畅游一番，感受特别强烈，这个是不是就是这些真正具有地方特色的建筑能让人有一种精神上的满足感？但是这种感觉在钢筋混凝土的现代化建筑里始终是找不到的。

蒋：祖先给我们的城市和建筑留下了非常丰富的文化遗产，例如凤凰民居，吸引了全国很多的游客，就哪怕一个很一般的吊脚楼，都很有鲜明的湖湘文化的特色。所以我曾经突发奇想，做一个课题，通过比较深入系统的调查研究，对我们湖湘建筑、地方建筑的特色进行一番解构，或者打散之后重新来构成，看到底有哪些元素值得我们今天借鉴和利用，可以通过现代技术和现代新材料巧妙地融合到新建筑的构建和细部里面去。比如说马头墙、山花檐、青水砖墙面、窗花格、麻石路面，可以赋予新建筑动人的地方美和特色美。岳麓书院实际上有三分之二是在历代战火中损毁的，现在恢复起来给人一种很强烈的地方感和历史感。毛泽东文学院，它非常大胆地吸收了很多湖南地方建筑的元素和材料，那一片淡雅的黑瓦白墙的建筑群也是让人赏心悦目的。湖南美术出版社，它既现代又古老，既考虑到功能的美，也考虑到了外观和造型方面的美，成为我们城市的一道风景。

记：就我自己所感觉，像这些古老的建筑里的优秀元素，跟自然结合得很紧密，比如说它的外观颜色，就拿湖南大学红砖黑瓦的那些建筑来说，它们就很好地融入了一种绿色的自然环境里。但长沙市区里的建筑大多跟自然是格格不入的，棱角尖锐，具有杀伤力的感觉，没有跟自然融为一体。

蒋：这有多方面的因素。"天人合一"是古人对人与自然、人与人和谐的一种比较高的境界追求，长沙因为欠账比较多，绿地面积比较少，所以房子很容易就暴露无遗，过去公共绿地面积少，森林比较有限，这是一个原因。还有一个就是建筑的过程中，有很多单位不顾整体的和谐，建造的房子的风格特别突出自我、唯我独尊，不注意和周围环境、建筑的协调。在岳麓山地区，应该是比较低矮的房屋，再加上比较淡点的颜色，远远地看去可以和岳麓山地区的大自然环境融为一体。

建筑是城市美的细胞，建筑美包括结构、造型、空间、光线、色彩、雕刻、声音、环境以及它们的相互协调。如果协调了，达到了一种平衡、和谐、恰当的比例关系，那么城市的整体就是美的。我们现在对于单体建筑、建筑群、街区注重得确实不够，所以就显得比较呆板、雷同、错杂，最后感觉比较平庸。所以我觉得我们从细节做起，从小处做起，比如说入口，要改变现在比较缺乏引人入胜的悬念；比如说台阶，要尽量地创造一种视觉上的跌宕起伏感；比如建筑细部，要改变现在毫无顾忌、无所用心的心态，要经得住推敲。业主和甲方的眼光、实力与情趣往往是起决定作用的。一些人出国看了一些大城市，看了些浮光掠影的表面东西，然后就不顾时间地点，简单地照搬，造成了错杂、混乱和雷同。一些文化界的有识之士提出，长沙市可以成立一个城市建筑的文化审查委员会，对重要的建筑，主要街区的建筑立项要经过委员会的审查和批准，才能动手。我可以不管你的造价，也不涉及你的功能，但是你的单体建筑是否美，是否和周围和谐，要经过文化委员会批准。

记：最近长沙市在评选十佳建筑，您有什么建议？

← 湘江边的仿古建筑

蒋：据我所知，这是长沙市第二届十佳建筑评选，这种评选十分重要，将体现一种导向，对群众、投资方和设计者都会产生影响，必须十分谨慎。我建议长沙建筑要以十佳建筑评选为契机，倡导标准和榜样，建立科学权威的评审机制和机构。拆一点，拆除一些严重影响视域和城市品位的伪劣之作；慢一点，慢工出细活，十年磨一楼，创造精品杰作；矮一点，特别是河西，不要影响岳麓山景区得天独厚的自然景观；留一点，给后人预留一些想象的余地与创造的空间。

城市开发中要特别慎重和冷静，生态与文化是唯一且不可再生的，绝不能挥霍浪费。

记：假如一个外地客人来到长沙，看到很美的景色而身处拥塞的交通环境，不知道他们是什么感受，您可以替他们想一想吗？

蒋：道路和车辆这对供需不足的矛盾是一个比较普遍的矛盾，长沙这几年一个是大道路和建设上面下了工夫，它是在还债啊！长沙过去道路网络的一个缺陷是道路的密度很小，隔500米，甚至更长的距离才有一条路。其他发达国家道路网络的密度要比我们大。所以这几年长沙修了很多路。同时在加强道路的管理、确保畅通方面下了些工夫，总的来讲还是有进步。现在从火车站过湘江的话，比过去要快很多。但是这对矛盾很难彻底得到解决，只能得到缓解。第一个方面，我们建造城市的时候设计既要考虑车的要求，更要考虑人的需求，考虑步行者的需求。这是一个根本上的问题，要考虑步行者，适当放弃车辆的要求，步行或者用单车来代步，这在城市的中心区域里是可以做得到的。这样也使人和这个城市更亲。人流，这城市必要的风景得以保存，使这个城市显示出一种紧凑、繁荣的景象。车可以把人和城市隔得很远、很开。第二方面要加强道路的管理，特别是倡导公共交通。公共交通设施要提速，一辆公共汽车可以坐十几个人，要大力倡导发展公共交通。同时要提高交通管理的水平，多设置一些单行道。

记：长沙市现在存在这样一个现象，长沙市的规划和建设都是大手笔的。但是它这种大手笔的规划和建设都给环境造成了一定的影响。长沙市正在规划10年或20年以后的大建设、大开发，同时又提出要建设一个现代化生态城市，这两方面的问题如何来协调解决，是不是不可避免地走"先污染，后治理"的老路呢？

蒋：在工业化的进程中，让人居环境从自然的极端走向人工的极端这似乎成为一个很难避免的矛盾。世界上很多的国家，包括发达国家都经历了这一过程。我们作为正开始起步的后发城市应该特别注意和防止这种倾向，应该在生态上面做更多的文章，应该控制城市生长的规模。好在这一点，在长沙市这一届政府已经有了一个强烈且明确的思路，就是要建设生态城市，而且被国家确立为一个建设生态城市的试点，这是长沙人民的幸事。因为建设生态城市有必须要完成的若干指标，当然还有配套的投入。长沙市的中期规划已经专门设立了保护圈。一个圈是100米的城市森林绿化带，正在建设过程中；第二个大圈是一个生态圈。这个圈维护现有的农田、房舍、道路不变，如果城市要发展必须要跨过这个圈再来发展，而不是就近的摊大饼式地发展。另外，长沙市也考虑到把现有对城市中心造成环境压力的一些企业大规模外迁，中心区企业会在最近几年全部迁到城外。同时在调整产业结构，生物、医药、高新技术方面的发展相对来说给环境造成的压力要小得多。而且长沙市这几年特别注重文化产业和教育产业的发展，这给经济发展带来了活力，又给环境减少了压力。当然最根本的还得靠法制，要严格地执行《城市规划法》和《环境保护法》等一些法规。对破坏规划和环境的单位、个人要采取比过去更加严厉的制裁。

记：我通过长沙市有关部门了解到，长沙市今年把岳麓山和烈士公园作为两个重点项目开发，就这一点有些有识之士担心会造成过度开发，反而会适得其反，这一点你怎么看？

蒋：对于生态和文化的保护，我们可能还有一个认识的过程，往往要经过这种事情以后，才觉得留下一些遗憾，造成一些败笔，因此在开发中要强调整体性的保护，要给未来预留一些空间。岳麓山、橘子洲头，是长沙大气的两个重要的肺，对它们的保护要特别慎重，开发要特别冷静，宁慢勿快。现在岳麓山尽管有一个关于风景名胜的保护的条例，但条例在执行中间碰到了很多问题，很多周边单位在不断地蚕食和侵占已经为数不多的山地和绿地。因此在对自然景观开发的时候，力争做到见山不挖，见塘不填，见树不砍。开发一定要适度，一定要科学。

记：那这个适度怎么才算适度呢？

蒋：适度就是在不影响生态，不影响它的整体的风貌特色，不影响它的持续发展的情况下适度。主要还是保持它的优雅、宁静、自然，要防止破坏性的开发和建设。如果我们没有想好，宁肯不开发，等未来有了更高明的设计，更理想的方案，再动作也不迟。生态资源和文化同样是祖传珍宝，有唯一性，一旦破坏难以再生，所以一定要小心翼翼，谨小慎微。

城市是我们共同的生存空间，创造城市文明是我们共同的责任。让"我热爱这个城市"成为共同的宣言。

记：我注意到，长沙市提出建设生态型城市的新提法，从这里可以体会到长沙对自然的回归和对人文关怀的情结，这使我觉得长沙越来越注意人的感受，也就是"以人为本"。

蒋：城市的建设原则，有人提出三大原则：一个是对历史文化的尊重，第二是对自然环境的尊重，第三是对人的尊重。人是这个城市的主体，人民是城市的主人。芬兰建筑大师阿尔瓦·阿尔托有句名言："只有当人处于中心地位时，真正的建筑才存在。"城市也好、建筑也好，都是为人而生的，为人所用的，不是摆看的，也不是摆政绩的。就长沙而言，"以人为本"的理念才刚刚提出来，这是非常可喜的。政府开始更多地考虑百姓的工作、生活、游憩三大功能。连接这三大功能的出行、交通已经在考虑了，但是用高的标准要求还有差距。比如东二环十几千米路，才有一个人行出口通道。又比如很多街区路灯还比较昏暗，不明亮，缺乏一块大面积的供人们休闲、娱乐的公共绿地。我想特别说明一点，这件事不光是政府的事情，而是所有业主的事情，我在香港注意到，中心区所有写字楼、商住楼的一楼乃至二楼都是公用的，通过天桥、立交桥，甚至通过公共电梯把它连接成一片。不管是下雨还是烈日，你都可以畅通无碍。这是需要业主积极参与和支持甚至要为市民做出牺牲的。

记：我在采访过程中听到这样一句话：这个城市要做市民的城

市，不要做市长的城市。这是不是也体现了长沙市政府领导的一种以民为本的情怀？

蒋：对，所谓政府就是人民的政府，就是代表人民利益的政府，就是为人民造福的政府。建造一个城市，绝对不是为了城市里面的达官贵人，不是为了所谓的富豪和大腕生活得更加舒适和便捷。它应该造福全体人民，城市的出发点和落脚点都是为了人民、服务人民。从根本上讲，长沙市政府也是这样实践的。我想起了一个拯救斯德哥尔摩的故事。

1971年5月，瑞典的首都斯德哥尔摩进行大规模城市改造，把老房子拆掉，一片一片地建造火柴盒式的民居，这个潮流不断地由郊区向中心扩展。市政府决议拆掉国王花园，把树砍掉，建一座火车站。当时斯德哥尔摩的群众就自发地阻止警察和建筑工人进入花园，通宵派人驻守在花园，以防止市政府偷偷地把树锯掉。5月的北欧是非常寒冷的，市民怀着对他们城市的热爱，自发地组织起来坚守在花园里很长一段时间。最后终于和市政厅达成了协议，建火车站的计划做了改变。这件事也给市政厅的官员们浇了一瓢冷水，使他们由过去的雄心勃勃、热血沸腾到不得不做冷静地思考，觉得还是要保留这个城市既有的特点。市政府的反思，也促成整个城市规划的改变。现在的斯德哥尔摩作为一个海滨城市，非常宁静和优

←— 麓山红叶

雅，老城就像一个童话一样，成为世界旅游的一个胜地。群众是真正的英雄，人民群众的眼睛是雪亮的。所以群众的沉默无言不见得是好事。我们在城市建设中要有开放的胸襟，要能够听到各种不同的声音。

记：这个故事引人深思，发人深省，我觉着应该学习斯德哥尔摩市政府、市民的这种精神。

蒋：对，我觉着这种批判的精神和科学的态度对城市的理性发展是有好处的。我们要考虑城市建设中快和慢的关系、大和小的关系、上层与下层的关系。快和慢的关系就是指这个城市的建筑快一点建，还是慢一点建呢？我觉着在今天我们尤其要有慢工出细活的心态。要有只争朝夕的精神，但是要有慢工出细活的心态来对抗信息消费时代的日益浮躁、日益急功近利的潮流。大和小，城市要做多大，是不是越大越好，不见得，城市的规模适度最好。上层和下层，市长和市政府关注的是不是人民最关心、最迫切要求的题目，这些都值得我们反思。怎么反思，这里需要有点文化的声音，有点文化批判的声音。北京潘石屹的现代城，成都陈家刚的上河城，都是很有意义的城市建设中的文化的声音。天津作家冯骥才为首的一批作家和摄影家、雕塑家组织了一次叫做"抢救老街"的运动。我想这跟拯救斯德哥尔摩真有点异曲同工之妙。这么一批文化人用文化来发声，起到一种提示的作用，批评的作用，提升的

→ 岳麓书院一角

作用。长沙作为一个历史文化相当深厚的城市，当前还缺乏一种关注城市文化的声音。

记：我希望长沙也组织这样一次"抢救老街、抢救老屋、抢救老店"的活动。

蒋：长沙的规划从过去到现在都注意到了这样一件事情，要保护老街，保护祖先的文化，也划定出了明确的地域和保护的范围。但

是我觉着这个范围还不够。这些年也有很多老街、老房子被拆。上麻元岭的陈明仁公馆，因为要建宿舍被拆掉了。左公馆被拆掉了。据说这些都是保护名单之外的，没有被保护的法律地位。我想我们的保护名单翅膀能不能再张得大一点呢?

记：历史建筑对于我们来说是一个宝贵的资源，我们也挥霍不起。如果我们合理开发利用这些资源的话，收到的效益可能是我们不可想象的。比方说，现在成都的杜甫草堂，通过保护开发，得到的经济效益是非常之好的。

蒋：杜甫不过在成都住了两年，而在长沙呆了三年，最后客死湘江。长沙这么一个英雄的土地，有多少叱咤风云的伟人、名人、文人、诗人。这些人的故居都应该保留下来，都应该有适当的纪念方式。比如说建综合的湖湘名人纪念馆或单独的纪念馆。又比如给湖湘名人塑雕像，在其故居加挂保护性的标牌等。你看昆明，偌大的一个西山就一个聂耳有墓碑、有纪念馆，做足了文章。我们一个岳麓山光是辛亥革命的烈士就有29位，这是全国也少有的辛亥革命山。这是一笔非常珍贵的精神文化财富。但是我们给予的纪念方式和场所非常有限。像田汉——国歌的作者，我们也仅有一座小小的雕像，既没有碑，更没有馆。这是我们特别紧迫要做的一件事。

记：湖南人很喜欢提湖湘文化，实际上在行动中，往往并没有考虑到自己的湖湘文化。在一个飞速发展的进程中，这个问题应该说是上到市政府官员，下到普通百姓共同的一个课题。

蒋：湖湘文化的精髓就是实事求是，经世致用。在城市文明建设中弘扬湖湘文化不是某一个人的责任，也不能简单地归咎于市政府，这应该是全社会，包括新闻媒体在内的共同声音，造成一种强大的社会舆论，达成一种社会共识，这样就有利于我们城市的良性发展。这次"世纪星城"采访团，经过采访后对城市更了解，对城市的决策更理解，对城市的未来更有信心了。我们不能停留在一个市民的层次上，我们有责任把这些了解、理解、信心通过媒介广而告之，让全体人民都来关心城市、理解城市、爱护城市，建设一个更加美好的城市。

记：在经济社会发展的现在，怎么来保留这种文化，对有湖湘文化特色的湖南人民来说可能是值得深思的一个问题。

蒋：所以我借这个机会大声呼吁：我们的市民，我们的有关政府部门，文化界，新闻界，更多地关注我们的城市，爱护我们的城市，研究我们的城市，引进新观念，提出建设性的意见。再有一方面对不合理的、不科学的、破坏性的建设也要有舆论的反对和干预，既去享受它，又付出了自己的创造和劳动，那么我们才真正地实现人城共处、和谐，也无愧于我们一个城市市民的责任和光荣的称号。付出以后才能真正理解它、珍惜它，才能自觉去爱护它，那么就不是一种漠不相关的关系，而是心心相通，人和城之间有着有血有肉的紧密性的链条。我们共有一个城市，别无选择，我们也经不起挥霍和破坏，要特别小心地呵护这个城市，所以大家都有责任，不能简单地把一些问题归咎于相关的部门。

尽管长沙城市有很多不尽如人意的地方，但我们对它的未来充满信心。我们这几天采访了市委书记梅克保、市长谭仲池、分管副市长赵小明、分管城市文明建设的欧代明和谢建辉。他们在城市工作中有一种殚精竭虑谋划城市的责任感、紧迫感、危机感。既要还历史的老账，又要去追赶兄弟城市；既要不断地提高生产力水平，加快经济建设步伐，又要把更多的精力投向城市环境本身。这个群体充满着诗意和激情，同时具有必要的专业知识和智慧。谭仲池市长是一个诗人，是一个文化人，他用文化的眼光来关注这个城市，是这个城市文化之幸。赵小明副市长说"我热爱这个城市"，这句话让我们产生共鸣与敬意。这些年，这么大的动作，拆掉的棚户区和危房是几百万平方米，涉及的人口数十万。不仅没有影响长沙的改革发展稳定，反而给长沙带来了一种更加开放的观念、更加团结的人心、更加兴旺的人气、更加吸引外商投资的环境。我可以肯定，未来的长沙将成为中国中南部、京广线上一个秀丽、文明、富有湖湘文化个性特色的现代新城。

4

筑之理

ZHUZHILI

为了忘却的纪念
——"益阳三周纪念馆"设计方案（建议案）

宗旨： 周扬、周立波、周谷成（合称"三周"）是20世纪闻名中国和世界的三位益阳籍文化名人，是益阳不可多得、不能再生的历史文化财富。建设"益阳三周纪念馆"，永久纪念"三周"，有利于彰扬益阳地方文化特色，突现当代益阳名人，教育益阳人民特别是未成年人，丰富益阳的旅游文化资源。这一议题已成为家乡人民和"三周"后裔的共同愿望，成为地方政府建设先进文化的极为迫切与适宜的选题。

选址： "益阳三周纪念馆"选址建议在赫山区邓石桥乡清溪村周立波故居附近。理由如下：1.这里有周立波故居的部分遗迹，是周立波的出生地和多年生活过的地方，特别是他20世纪50年代回家乡体验生活的重要基地，留下了许多感人的故事，故居有相当高的文物价

→ 周立波故居

值和纪念意义，可以与纪念馆相得益彰，延伸纪念馆的历史纵深感。

2.此地北邻益阳市区，离中心城区约5千米，西连志溪河，东接桃益高等级公路，区位合理、交通便利。如果建成，将为益阳市—郊区农家乐—洪山竹海—桃花江这一既有旅游线路增添一处重要的人文景点。3.此地生态环境较为优良，青山碧水，漫山遍野的竹林与普山普岭的茶子树，正是当年周立波多次在长篇小说《山乡巨变》和散文集《山那边人家》中深情描绘的背景，能较好地再现当年的益阳历史地理风貌与"三周"青少年时期的成长环境，能直观生动地演绎当代重要文学流派——"茶子花派"的发源地及背景地。

设计："益阳三周纪念馆"力争以高度的思想性、艺术性及永久性，建成当代益阳标志性文化建筑。建筑设计的主题：通过追踪名人往事，追溯益阳历史文脉，展示益阳的地方性格和时代精神。基本思路和主要原则：借鉴当年中南局第一书记陶铸提出的纪念馆建设方针，"依山就势，藏而不露。乡村风貌，城市内容"。主体造型及主要材料：以益阳地方传统建筑为主要创作素材；以南方天井民居为基本风格；以体量适中、一层为主、柱廊连接、马头山墙为基本格局；以白墙黑瓦为基本色调；以当地清水砖、小青瓦、花岗岩、竹木为主要建筑材料。主要功能：充分考虑展示陈列、研究办公、收藏库房、生活后勤等必需设施。主体效果：平易近人，移步换景，柳暗花明，回环往复，意味无穷。

景观："益阳三周纪念馆"景观设计追求地域文脉和生态理念的融合。规划可分三个层次展开。第一层次为核心区，60亩左右，以纪念馆—旧居为基本单位，两者之间由一定空间距离与内容风格区分，便于参观人员的组织和流动。第二层次为景观控制区，即在核心区视觉可及范围，200亩左右，主要是控制建设，保持原有生态和风貌，防止因纪念馆建设引发附近村民的盲目追风。第三层次为进入核心区道路及周边风景，地貌、植被、农舍尽可能与整体规划保持一致。清溪要予以疏浚和美化，当年周立波以个人稿费出资赞助乡亲开发的梨树园（梨树坡）要予以保留或恢复。整个景观植被以茶树林、楠竹林为主，通过垦复，重现郁郁葱葱的生机。可以创作反映"三周"生活工作的雕像，选择适当地点安置。

陈列："益阳三周纪念馆"以"三周"陈列为主题。主要搜集、收藏、陈列、展示"三周"的全部著作版本、手稿、图片、遗物及纪念性、研究性成果。同时开辟专门展馆，展示其他益阳历史文化名人，如陶澍、汤鹏、胡林翼、何凤山、叶紫、张国基、莫应丰、林凡等。陈列用现代声、光、电技术规划、布置，强化吸引力、感染力。

筹备：1.明确"党委领导、政府主持、文化推动、市场运作"的基本原则。2.成立"益阳三周纪念馆"筹备委员会，由各方面领导，文化文物专家，"三周"研究专家，"三周"后裔，规划、建设、景观、园林专家组成。3.确定大体时间表，以"三周研究会"为依托、以《三周研究》杂志为阵地，广泛征集设计方案，尽快规划建设用地，早日启动建设工程。

（2004年10月2日于益阳市桃花仑）

湖南辣椒博物馆筹建方案（草案）

宗旨：湖南辣椒博物馆以展示湖南辣椒文化历史演变过程，反映湖南辣椒品种、科研、生产、加工、贸易、辣椒饮食、辣椒文化为线索和主题，确立湖南辣椒文化的独特地位，并探索其科学体系，填补湖湘文化的空白，为湖南辣椒科技、经济服务，为弘扬湖湘文化精神服务。

缘由：湖南辣椒科技、经济、文化已经有一定的历史发展阶段，形成了自身的特色和优势。随着时代的变迁，特别是观念更新和科技进步，辣椒文明在迅速发生阶段性变化，许多生产方式和生产工具正在或者已经成为历史陈迹，许多有代表性的著名辣椒人物逐步离开工作岗位。因此，建立辣椒博物馆，抢救、挖掘、普查、保护、展示湖南独有的农业文明专题，作用明确，意义深远。

地点：湖南省农业科学院蔬菜研究所。

设计：辣椒博物馆的建筑设计要有强烈的地方特色，有深刻的文化内涵，与辣椒有某种内在的联系，能经受时间的考验；选择的地点要便于公众到达，以美丽的田园风光为背景，展馆的室内、室外空间融合，使自然与人文完美结合；符合陈列展示的特殊功能要求；包括科研机构的办公研究设施，如蔬菜研究所、辣椒协会、《辣椒杂志》社等单位。

室内陈列：

1.各类辣椒品种标本；

2.有关辣椒科技、文化的图书、报纸、期刊和音像电子出版物、文件、统计数据等资料；

3.辣椒科研、生产、加工的各类机器设备；

4.辣椒制品如辣椒酱、辣椒油、辣椒碱、辣椒红素等样品；

5.有关辣椒的摄影作品、美术作品、书法作品、工艺品（如辣椒根烟斗）。

室外展示：

引进各种适宜在长沙气候、土壤条件下栽种的辣椒品种，有一定的规模，便于观赏。

同时现场销售特种辣椒鲜货、观赏辣椒盆景等。

投资：包括出资方和金额（略）。

（2002年8月15日）

遥聆大师

——读黑格尔《美学·建筑卷》笔记

黑格尔在《美学》中论说各门艺术的体系，涉及建筑、雕刻、绘画和音乐，但他首先挑出建筑来讨论。因为：第一，"建筑"按照它的概念（本质）理应首先讨论；第二，就存在和出现的顺序来说，建筑也是一门最早的艺术。关于建筑的起源，古今中外都有许多不同的说法，如岩洞、树巢等。建筑是从何而来或如何而来的，首先是为神的，如庙宇，如祭坛；其次是住人的，最早的是茅棚。从艺术的角度看，"建筑最初的形成比雕刻、绘画、音乐都早"。

建筑材料从古代就有争论，有的认为是从用木料开始的，如维屈鲁浮斯；也有的说从石头开始。表面上只是两种材料的对立，实际上影响到建筑的基本结构和装饰手法。从历史遗存至今的建筑看，石构的远远多于木构的。据说中国现存最早的建筑不过是山西五台山南禅寺大殿，算是唐代的旧物，而古老的北京最早的便是辽代的天宁寺了。最伟大的故宫至今刚刚600岁。而雅典的卫城、帕台农神庙和罗马的斗兽场全都是公元前的古董了。

黑格尔又说，象征"是打开建筑的多种多样的结构秘密的唯一一把钥匙，也是贯穿到迷径似的建筑形式中的一条线索"。所以这种建筑无论在内容或表现形式上都是地道的象征艺术，象征的通俗说法是暗示，而制造暗示与理解暗示都是需要智慧的。遗憾的是，当代许多建筑在尝试象征的时候无端地把暗示变为明示甚至愚笨得让人发笑。含蓄的、需要等待与解读品味的悬念一览无余。一字之差，谬以千里。

黑格尔又说，"建筑的产品是应该单凭它们本身就足以启发思考和唤起普遍观念的，而不是向原已独立地表现出来的意义提供一种遮蔽物和外壳。"

当我们走进金字塔、长城……对于古代离奇形状和庞大体量的建筑遗产我们的第一反应是赞叹，甚至敬仰。殊不知："这类作品的建造花费过整个时代的整个民族的生命和劳动。"保护它们不仅仅是文物的意义，而是保护我们自己祖先的遗产，保护我们认识和感知历史的参照物。

方尖碑是原产埃及的四棱柱纪念碑，有的用单一的整块石雕成，有的用多个石块拼接而成，柱身带收分，柱顶为一金字塔形。它的原始意义是献给太阳神。同它一样古老而有个性的是中国的华表。介乎建筑与雕刻之间的类似作品主要是在埃及。比如属于这类的方尖形石坊。这种石坊固然不是用动植物和人的有机生命的自然形式而是用有规律的几何图形。

金字塔总是受到赞美，却只是一种简单的结晶体，一种外壳，其中包裹着一个核心，即一种离开肉体的精神。因此，建筑艺术就发生了一个重大变化。精神的东西作为内在的意义分割出来，并获得了独立的表现。

至此，我们找到了黑格尔的线索，首先，一种作为全民族象征的建筑，是神的殿堂；其次把精神剥离开，即灵魂的墓园；最后是住房，那是人类的居所。

怎样的柱子才够得美的分数线？黑格尔说："古典型建筑之所以具有高度的美，就在于它所竖立的柱子恰到好

→ 方尖碑

处，完全是实际所需的而没有多余的。"

建筑师最初是把自然视为导师的，植物又是最近的一位。黑格尔显然注意到了这一现象。比如树干支撑枝叶，谷秆支撑穗，茎支撑花，柱便支撑梁和屋顶。莲花被克隆为柱形。洋葱（半球）成了屋的穹顶。芦根球瓣的卷曲成了柱头上的螺旋曲线。不过，这种对大自然的模仿并不是刻板和呆滞的，植物形状服从建筑的结构，变成接近圆和直线之类的有规律的几何图形。

阿拉伯式花纹主要是一些皱缩的植物形状，一种自由飘荡的线条。以自然植物图案与几何图案为基础，有繁杂而精巧的装饰表面，有最高度的优美、隽永和丰富多彩。

黑格尔还洞悉了学习自然又富于自然是艺术的职责，也是建筑的权力。从自然来到自然去，艺术与科学便和谐起来。

建筑艺术到了获得符合它的本质的时候，它的作品就服务于一种非它本身所固有的目的和意义。一个按照重力规律来安排和建造起来的整体，这个整体的各种形式都要形成严格的整齐一律，直线形、直角形、圆形和一定的数量关系，由它本身界定的尺度以及谨严的规律性之类范畴。就在于这种符合目的性本身：有机的，精神的和象征的。

什么是真正的建筑艺术，黑格尔说："真正的建筑艺术的基本概念在于精神性的意义并不是单独地纳入建筑物本身。"

柱式始终是西洋建筑里一个重要的角度。而且既是技术的，承载着必要的重量，也偶尔揭示着分界与区分。同时也是艺术的，它像古书里第一句话被美化的大写字母，像音乐旋律里的休止符号。柱头、柱础、柱身的装饰是繁复的，柱子之间的排列也是变化的，在中式建筑中能找到如之对等的角色吗？木柱、石柱可能接近，但不可能对等。

古代人把宽度看做主要的方面，"因为宽显得安稳地植基于大地上。"至于房子的高度则以人的高度为准，而且高度的增加只是随着宽度和长度的增加。毋宁好比看做技术和材料上的难度，没有着意地向空中发展，不如设想古希腊人朴素而安静的灵魂。在某种意义上，符合中国传统的建筑精神就是注重宽度而不刻意追求无用的高度。

黑格尔高度评价了古希腊的三种柱式，强调"这些柱式在美和符合目的性两方面不但是空前的，而且是绝后的"。柱式的要素构成有三个方面：一是柱的高度与粗度的比例关系；二是柱础和柱头的差异；三是柱与柱之间的距离与组合方式。距离关系是外在的，同时又影响柱本身的视觉效果。如果要柱子看起来显得苗条纤弱，只需它们的间距再大一点即可。装饰也能改变柱的性格。

屋顶的艺术也同时意味着顶尖的技术。平顶、坡顶、尖顶、穹顶，第一种顶造型的成熟，首先标志着技术所能达到的高度，同时又昭示着建筑文明的一个新里程。在没有静力学又没有材料力学的时代，在数十米甚至上百米的高空，那是建筑师同时又是工程师实力与信心的出色表演。

希腊建筑艺术的特征在于既有彻底的符合目的性而又有艺术的完美，既高尚素朴而又装饰得很轻巧美观；罗马建筑艺术在机械方面固然见出特长，比起希腊建筑艺术较富丽豪华，但比不上它的高尚和美。

希腊人只把艺术的高华和优美运用到公共建筑方面去，他们的私人住房始终是微不足道的。罗马人则不但扩大了公共建筑的范围，他们的剧场、斗兽场以及其他公共娱乐场所都把结构的符合目的性和外观的豪华壮丽结合在一起，而且在私用建筑方面也大有发展。特别是在国内战争以后，别墅、澡堂、走廊和台阶之类都建得循规蹈矩，极是豪奢。中国古代的建筑史，基本上也只是帝王将相和达官贵人的历史，民居从来没有进入过建筑史的视野。即便是黑格尔这样的唯物论者，也没有探究过这样的问题："安得广厦千万间，大庇天下寒士俱欢颜。"

宗教建筑凝结了建筑技术与艺术的最高成就，古今中外，概莫能外。外观都有一些炫耀和夸张，如希腊建筑以横平的延伸展示它的宽广，而基督教则是腾空而起直插云霄。内部空间多数表现一种封闭与神秘，收敛心神，"与外在自然和一般世俗生活绝缘的心灵肃静的气象"。尽建筑方面的可能，在形体结构和空间组织上营造出精神的内容。

　　黑格尔进一步的论述，几乎揭示了宗教建筑为何能产生精神力量的主要秘密：1.内部空间不只是一种抽象而且各部分完全相似的空洞的空白，因为这样将不能表现出"心灵超越尘世的有限事物而上升到彼岸和较高境界时所表现的运动，差异对立与转化和解的过程"。2.宗教建筑的基本性格是向上飞腾，方柱与圆柱由粗变细的高度一眼不能看全，眼睛势必向上运动，左右巡视，直到看见拱顶才安息下来，恰好心灵在虔诚的修行中起先动荡不宁，然后超越有限世界的纷纭扰攘，把自己提升到神那里，才得到安息。3.用光始终是宗教建筑的惯常手法。一是窗子的长度尽量拉长，不可能同时将上半部分与下半部分同时尽收眼底，抬眼仰视时必会产生心神动荡不宁的印象。同时，半透明的彩画玻璃，以宗教故事或各种颜色绘制其上，使从外部

← 绚丽的穹顶

射进来的光线变得暗淡，室内的灯光与烛光更加明亮。4.宗教建筑的高度空间是有某种不可示人的深意的，一是让所有朝圣者都能在其中找到自己的位置，神接纳一切人。二是人们匆匆而来匆匆而去，他们的足迹转眼即逝，这些暂时性的过程是看得见的，而巨大的无限的空间本身超越一切，永恒而巍然。

黑格尔郑重指出："在某些象征性建筑上，数目象征诚然具有很大的重要性，但建筑艺术作品的真正意义和精神不是用数目差别的神秘意义所能表达的。"确实如此，中国古代建筑更热衷于用一些玄而又玄的数字来象征和表达某些特殊的含义，比如"九五之尊"就是用开间的数量来表达至高无上的权威。但是，建筑艺术绝不是数字游戏，这些数目是一种附加的因素，"既不能见出较深刻的意义，也不能见出较高度的美"。

在装饰装修方面，一方面能让人看到庞大建筑的主要部署和基本线条，一方面丰富多彩的细节又不能让人一眼看遍。"正如心灵一方面显示出基督教的虔诚信奉，而另一方面又沉浸在有限事物里，惯于过渺小琐屑的生活。"但装饰不能损害简单朴素的原则，如果让人过分注意杂多琐细的方面，比例关系和体积方面最宏伟的东西就可能被破灭了。

黑格尔批判了园林营造观念上的误区："一方面要保存大自然本身的自由状态，而另一方面又要使一切经过艺术的加工改造……"从这个观念去看，大多数情况下，审美趣味最坏的莫过于无意图之中又有明显的意图，无勉强约束之中又有勉强约束。"大杂烩式的园林，可能产生某种引诱力，但这种引诱力是一旦使人满足后将立即消失的，看过一遍的人就不想看第二遍，行走其中，不断有东西分散注意力，没有灵魂，而不能让人看到无限。"

（2003年8月）

（部分内容节选自《美学》，［德］黑格尔著，朱光潜译）

回到常识
——读《明天的花园城市》

开始翻读这本书的时候，正是北京的冬天。汽车飞驰在南三环的高速路上，脑子里忽然跳出了从电影里得到的未来世界的印象：林立而冷漠的高楼，灰蒙蒙的天空，看不见树的绿色，当然也看不见一个人影。这就是我们赞美的北京吗？

幸好郊区是另外一番景象。尽管也是冬天，残雪点缀在萧瑟的林间，土地的气息让人迷醉。空间的纯度与亮度不容置疑。晚上，月光和星光像钻石一样晶莹，呼吸之间冷冽的口感颇类冰镇过的甘泉。

为什么我们不能也像欧洲那样拥有花园城市呢？让居民像住在公园里一样宁静与惬意呢？是我们缺少生成花园的土地？缺少雄厚的财力，或是缺少了别的什么呢？《明天的花园城市》给出了许多有益的答案。

↓ 法国新凯旋门

城市越大越好吗？盲目追求把城市做大做强的理念，似乎仍然在今天蔓延。未来城市城区面积与城市人口，已成了政绩中让人神往的梦想。但霍华德是克制的。在他规划的城市群中，总面积不过6.6万英亩（1英亩=4 046.86平方米），总人口不过25万人，而且是被农业地带分隔的若干个中心城区。

道路越宽越直就越现代化吗？大街必须笔直，不能拐弯，也不能为了保护一处珍贵的古建筑或一棵稀有的大树而使大街的宽度稍许减少几寸。交通的直线和城建的几何图形在与人类的利益发生矛盾的时候，总是前者优先。与霍华德同时代的建筑家毫不留情地批判了资本主义的傲慢、贪得无厌以及对金钱和权力的迷恋："摧毁一切阻碍城市发展的旧建筑物，拆除游戏场地、菜园、果园和村庄，不论这些地方是多么有用，对城市自身的生存是多么有益，它们都得为快速交通或经济利益而牺牲。"

钱从哪里来？钱该怎么用？在霍华德为城市规划的蓝图中，为城建资金预想了若干渠道，比如通过银行贷款的多次滚动开发，又比如建设者技术和劳力的垫资等。的确，城市规划一开始就得想到钱。我们今天天翻地覆的城建，好像并没有特别感到投资不足与经费紧张。同时开工、豪华高档在所有的城市都是很普通的景况，而且大有愈演愈烈、相互攀比之势。在经营城市的旗号下，无数宝贵的黄金地段迅速收归房地产商的名下，土地和其他稀有资源的投资最快速地化为了最为显赫与赢得政声的基石。其实，这种"出卖"是不符合广大人民根本利益与长远利益的。

是长官的错还是专家的错？今日城市积弊已深，错漏百出，其实早就该认真反思与检讨了。但业内业外包括一向敏感尖刻的新闻传媒，都三缄其口，沉浸在新城市的喜悦之中。当然历史还会回来的。那一天，这些呆账应该算在谁的身上？我们不敢认同目空一切、样样内行的"三拍"官员，就是他们的好大喜功、不学无术损失了许多永不回来的风景。我们是否应该倾向于可爱的城市规划师呢？著名学者金经元在本书的长篇译序中指出："有些城市规划师习惯于把城市规划看成是图上作业,似乎城市规划方案的优势主要取决于他们的制图能力。他们并不十分关心当地的自然、社会条件和历史形成的文化传统。只要有了当地的地形图,再用几天时间大致看一下现状,就可以离开现场,回家伏案作图了。"试想以这样的观念和方式来规划城市,怎么能拿出满意的方案。

《明天的花园城市》是一部奇书。自1898年出版以来,已被翻译成各种文字,流传全世界。由此书而引发的田园城市运动也发展成为世界性运动。作者更是一位奇人,是一位靠速记为生的报道员,勉强相当于今天的新闻记者。他靠自学更靠对城市人民的爱心与责任写成了这部城市规划的经典。

霍华德在书的第一章引用英国艺术家罗斯金的话表达着他的梦想和理想:"彻底改善我们房屋的环境卫生和质量;让坚固和美观构成组团的房屋,与溪流、城墙保持良好的比例关系。因而不再有衰退肮脏的关厢,只有街道清洁、热闹的城区和田野开阔的郊外。美丽的花园和果园环绕着城墙,从城内任何地点出发,步行几分钟就能享受到清新的空气、如茵的绿草和一望无际的原野。"

这何尝不是我们今天对城市的梦想与理想。

（2002年12月）

为中国建筑师立传

——读杨永生《中国四代建筑师》

"建筑师"这个名词已开始渐渐为人熟悉，但人们真正说得出名字的建筑师仍不会超过十个，如梁思成、林徽因、贝聿铭等等。能准确表述"建筑师"概念的人恐怕更少。1949年梁思成先生曾写信给当时的北京市市长聂荣臻，介绍建筑师的职业特征，指出建筑师不同于一般的工程师，"建筑师除了具备土木工程师所有的房屋结构知识外，在训练上他还受了四年乃至五年严格的课程，以解决人的生活需要为目的。他的任务在于运用最小量的材料和地皮，以取得最适用、最合理、最大限度的有用空间和最美观的外表。"令人叹息的是，时至今日，中国建筑师仍然是一个被模糊的概念和被社会忽视的群体，甚至与同样是从事创造性劳动的其他门类科学家、艺术家比较都显得默默无闻。这种状况与他们为中国建筑付出的心血智慧、与他们创造的立体的华夏文明不相称，与建设小康社会的文化理想不相称。

《中国四代建筑师》应运而生，第一次堂堂正正为中国建筑师立传，体现了著者的理论勇气、历史眼光和学术根底，同时也表明了社会的进步与文明的提升。该著作的价值绝不限于提出了"中国四代建筑师"这个富

→ 《中国四代建筑师》

有原创价值的新概念。它是一部严谨的建筑史学术著作，既涉及了时代、社会、经济、科技、教育的外部因素，又触摸到建筑业界自身发展的内部规律，通过综合、比较、分析，建立了中国现代意义的四代建筑师的断代论。第一代建筑师：19世纪出生，有国外留学经历，20世纪30年代登上建筑舞台的建筑师；第二代建筑师：20世纪20年代出生，1949年以前大学毕业的建筑师；第三代建筑师：20世纪三四十年代出生，解放后大学毕业的建筑师；第四代建筑师：解放后出生，"文革"以后大学毕业的建筑师。同时，提出了每一代建筑师的群体特征和代表性人物。以人带史，从一个侧面勾勒出20世纪中国建筑的发展轮廓，是一部全面了解中国建筑师的辞典，又是一部有新意有价值的建筑人物史。

著作以独到的叙述方式，精要地概括了一百多位在建筑创作、建筑教育方面卓有建树的重量级人物。通过对他们的重要成就、创作理念、历史功绩和不凡的人生经历的描述，挖掘其成长成熟的根源，既揭示出他们独到的合作理念和特色，确切地指认其人其作在中国建筑史上的地位，又总结出共同的成长规律。对每一代建筑师的主体特征评价贴切而中肯。

特别有意思的是书中作者本人与部分建筑师的交往录与印象记，寥寥数笔，勾画出人物的特征、个性与神采，许多先前只知其名不知其人的建筑师，跃然纸上。以人写史，"史"料变得鲜活、生动，是十分珍贵的第一手资料。作者没有见过著名建筑师林徽因，但他以林的女儿梁再冰的相貌神态推测林徽因的风采，更是神来之笔。

著作编排新颖。图片丰富而选择精当，制作精良，满足了读者对建筑师和建筑物直观了解的需求。一百多位建筑师每人都配有图片，仅从这一点看已经相当不容易。由此可以推测，要在没有多少系统和现成材料的基础上收集整理一部专门的建筑人物史是多么难得。

为中国建筑师立传，其意义是积极而深远的。对建筑学界和建筑学术当然有直接的价值，对全面建设小康社会的中国更是有远见的文化舆论和积累价值。许多建筑设计动辄高价聘请洋建筑师，似乎已成为时尚，我对此并非持简单否定的态度，但历史和现实都证明，中国的建筑还是中国建筑师做得更好。读过这部著作，我们都可以得出这样的结论，并进一步提升民族的信心和勇气。

建筑文化是当代文化中日益重要的领域，包括建筑史、建筑理论、建筑与文化、建筑与环境、建筑评论等，但推介建筑师是最易为业内外的需要和水准同时接受的一条捷径。当人们开始重视环境与建筑时，大多对这门专业的学问有些疏隔。有时候埋怨甲方的决策武断，有时候又指责建筑师媚俗势利。其实，更重要的是全民建筑意识的薄弱。这种情况下，尤其需要一些沟通的桥梁和纽带。而建筑师们忙于建筑设计，往往忽略与大众的对话和交流。杨永生先生就这样义无反顾地披挂上阵了，这位前辈先后创建中国建筑工业出版社、环境科学出版社和中国建设报社，为建设科技出版事业奉献了自己的全部心智。近些年从工作一线退下来后，致力于建筑文化的整理和普及工作，通过"做建筑知识的普及工作，提高全民族的建筑意识"。他先后出版了《建筑四杰》《建筑百家言》《建筑百家回忆录》《建筑百家书信》《建筑百家轶事》等多种很有价值与创意的著作，使无名英雄式的建筑师引起社会的关注，同时又引发许多建筑的门外汉开始饶有兴趣地登堂入室。他为推动当代中国建筑文化的普及做了很大努力，功不可没，功德无量。

（2002年12月）

建筑文化启蒙书
——读《细说建筑》

近年，随着建筑热升温，主动被动地读了不少建筑书。看下来的体会是，像我这样满怀热情与兴趣而缺乏专业准备的读者，要找准一本适宜对等的书并不容易。要么高深玄妙，动辄从古希腊罗马建筑开讲，少说几千年历史和遗产，多则几十种派别和理论；要么技术至上，充满术语、数据和图表，让人陷入欲罢不忍、欲读不能的两难尴尬。

汉宝德先生的《细说建筑》真可以说是一个另类。他笔下的建筑，不再是生硬的专有名词，而是生活的场景，是生活与建筑的互动关系。阅读伴着轻松有趣，每每心领神会，常常豁然开朗，先前似懂非懂的许多专业疑问，终于得了个明明白白，不知不觉中完成了建筑文化的启蒙课。

比如对光影的认识。如果是建筑曲面，这种变化就呈现柔和的渐变，给人愉快的女性意味的感觉。如果是折面，变化较突然而呈现阳刚的趣味。影子也不是虚无的，不但显示前后物体之间的距离，还常常产生优美的图案，随阳光的高低、强弱、方位产生戏剧性效果。作者特别提醒我们注意，光和影及其变化是宗教建筑的灵魂，在黑暗的背景中，才能显现光的切割作用和塑造力量。阳光透过教堂上方的小窗和空隙，投射若干光束，在阴暗的教堂内更显得光明耀眼。

又比如对西方石建筑与东方木建筑的比较，在永恒性方面，通行的概念是木不如石。但汉先生认为，不能简单否定木构建筑，永恒都是相对的，石质的金字塔、斗兽场早已荒颓为废墟的时候，木构的庙宇因为持续不断的维护与更新，反而保留了古老的建筑形制，至今香火不绝。

这本贴近大众的建筑书，有对常识的普及，有观念的更新，更有对错觉和误解的修正。人行天桥和地下通道是对处于弱势地位的行人的轻视，而高台厚壁、粗柱铜门的做派更是对普通民众的排斥。对房地产过度开发的批判有现实针对性：房地产开发造成土地和房价的上涨，但"一块土地并不能变得更大或更加有用，然而价钱却增加了百倍，如果大家一味地投资房地产，谁还有兴趣去发展真正的工业呢？"过度开发的弊端与陷阱由此昭然若揭。

全书分多个章节，涉及建筑的造型、色彩、光线、比例、古典与浪漫、传统与现代、后现代雅与俗、人工与自然，又旁及建筑与文学、音乐、游戏、风尚、社会、工业、政治的外部关系，从内涵到外延都有入情入理的演绎。但绝不烦琐，绝无故作高深，说清楚为止，一点点刚好。

作者是建筑师出身，以建筑业为荣，认为"建筑是文化中最具体的结晶"，而又不是狭隘的职业主义者，致力于建筑文化的普及，建立了自己科学的叙述框架：看建筑，纳入文化的框架；说文化，侧重建筑的意义。学理上准备充足，至今已出版《明、清建筑二论》《认识中国建筑》《建筑的精神向度》《斗拱的起源与发展》《建筑、社会与文化》等十多种专著；实践上经验丰富，设计过数十个工程项目，苦辣酸甜备尝，而且他的态度既是投入的，又是开放的，必然引进最新的观念并付诸实施。故行文立论，出入中西，往来古今，总能抓住要害，言人所未言，言人所未尽言，言之有理有据而有趣。更让人掩卷深思的是，著者把理性与热情、良知与责任融合起来，通过建筑文化表达强烈的创造精神、人文关怀和历史情感。

目前，中国建筑开工量在全世界名列前茅，在建筑创新和城市改造成绩斐然的同时，建筑业免不了问题层出不穷。有的埋怨市政当局盲目武断，好大喜功而把规律弃之如敝屣；有的指责建筑师、规划师的职业水准下降和职业操守缺席；有的嘲讽业主单位的无知跟风；有的痛恨开发商唯利是图。其实全民建筑文化、建筑意识的薄弱，也是不容忽视的问题，提高大众的建筑文化修养，便多一些理解、识别、支持或者抵制的力量，便让我们面向未来的规划与建设更靠近真善美的正道。

（2003年6月）

原野上的殿堂

1999年春日的某个黄昏，湖南岳阳县张谷英镇方书记陪我参观完明清古村——张谷英村，随后爬上村外的山坡，夕阳西下，沧桑的老屋群被涂上浓重而神秘的色彩。小方告诉我，一个多月前，台湾著名艺人凌峰也曾来过，在同样的地点和同一时刻，他扪胸长叹：我是谁？我从哪里来？我到哪里去？

凌峰先生是见过大世面的人，仅仅拍摄电视片《八千里路云和月》的几年中，领略了神州大地多少雄伟瑰丽的自然与人文奇观。一个偏僻无名的古村落，何以引发他如此激烈的情感震荡？当时，我不得其解，也就不以为然。

"非典"之春，客居京西，忽然拥有大量的时间，得以与古建筑有了两次亲密接触。一次是在场的体验，趁游人稀少，再次参观中国最伟大的宫殿——故宫。行走在空旷的广场和威严的大殿之间，感觉压抑之下人的渺小脆弱，也感到被高墙深院隔绝的孤独与荒凉，人去楼空，恍如隔世，凭借斑驳的旧物，遥想过去的光荣。

另一次则是纸上卧游，翻阅河北教育出版社出版的《中国古村落》丛书，通读那些散落在祖国东西南北的并不知名的中国古村落，开启一扇尘封已久的精神文化的山门。

那有些古老和破旧的古村落，既不豪华也无威严，在大地之上，山川与河流最恰当的地点，拥有绿色的植被、黄色的大地，拥有牧童的短笛和村妇的情歌，蓝天白云之下，那是耸立在原野上的殿堂。它微微苦涩而十分清新，缺少时尚而拥有雨露阳光，即使历经战火和现代文明的征伐之后，仍然香火不断，人丁兴旺，书声琅琅，弦歌不绝，直到今天还是一个完整的活的村舍。在我们熟悉得麻木、拥挤得心慌的城市外面，还有这样朴实、率真、野性和富有人情味的地方。那是我们祖先的家，也是曾经被我们遗忘的精神之家。对比同属于过去时代的建筑遗迹，我忽然对曾经不以为然的古村落有了新的认识。

建筑文化一时间成了显学，很多非专业人士从自己的角度闯入这片丰饶的土地，写出不少见仁见智的文字和专著。但是，关于中国古村落的研究不是凭兴趣就作得了的，几乎要综合建筑学、历史学、民俗学、社会学、文化人类学等多学科的知识和方法，仅仅是测量和绘图这样的基础性技术，至少也要五年以上的专业训练，即使如此，作者也在考察中碰到许多解不开的谜团，只好存疑，作者认定"谜团没有解开，比毫无根据的武断好"。那是一份完整严谨的学术报告，并具有填补空白的意义。

《中国古村落》丛书不仅是科学的，也是文学的，读来多是一篇篇情致丰盈的文化随笔或科学小品，状物与叙事的描写流畅而连贯，章节与章节之间，段落与段落之间，用适当而简约的主观感受、背景知识和故事的叙说，连接起相互脱节的各部分，也连接起阅读的兴趣。涉笔乡村的风俗景色，有写实也有写意，但一点也不艰深或者枯燥。

图文并茂、图文并重是这套丛书的又一个优点。片面结构图，建筑构造图，大量摄影作品，最让人悦目的是清晰的照片，精心选择角度、时刻的光影变化，构图，细节，建筑物与自然景色、与人的社会活动的关系，既形象充分地表达了

→ 原野上的殿堂

文字未曾表述的内容，更让人真正欣赏到建筑艺术的美。

这套书选择了默默无闻而很有价值的7个聚落：石桥村、张壁村、新叶村、诸葛村、西文新村、流坑村和库村，"有纯农业村，有从农业向手工业转化的村，有窑洞村，有雕梁画栋的村，有山村，有河边村，有马头墙参差的，也有吊脚楼错落的"，意在反映中国乡土建筑整体的风貌。这种整体策划，体现在聚落与自然、历史、民俗的整体关系上，体现在传统建筑与中国乡土的整体关系上，也体现在富有匠心、各册在体例结构参差互补的追求上。"写出每个聚落的特殊性，而不是纳入一般化的模子里"，既避免了最容易出现的重复，又充分反映了中国乡土建筑的丰富性和多样性。出版积累和传播的功能都得到发挥，正因为这点，丛书被亚洲多个国家和地区购买版权。

丛书作者是清华大学的几位著名教授，楼庆西先生的《中国古建筑二十讲》与陈志华先生的《外国古建筑二十讲》，堪称建筑人文图书的双璧，在国内外都赢得声誉。陈志华先生是梁思成先生的弟子，不仅继承了上一代人的学术风范，也继承了珍爱祖国历史遗产的文化传统。十多年前，先生以古稀之龄，与同事和弟子一道，从《楠溪江中游的古村落》出发，筚路蓝缕以求，先后跋涉十多个省市的偏僻险远之地，拂去岁月积淀的尘埃，在原野上清理出一串几乎被人遗忘的文化瑰宝。而这种"学术"是带有对文化的激情和强烈的责任的专业，为我们整理了一份可以传诸后世的精神文化的档案。从阅读的角度看，让我们许多建筑的门外汉由此开始了对建筑文化的痴迷，看他们的书，就像听他们的课，通俗、生动，不知不觉，我们似乎已经走上了村中的古道。

读完书，不由得对这份珍贵的历史遗存生发好奇，甚至有前往一睹真容的冲动。但我以为，不一定亲自去考察。荒野小村，没见过世面，也接纳不了太多现代的热情。有时候对文物的热爱，最好的方式是不惊扰它的平和与安宁。让我们循着这套精美翔实的著作安排的路线，作一次精神的漫游罢。

（2003年9月）

这就是家的地方
—— 《湖南传统民居》序

　　1997年初夏的正午，热烈的阳光洒落在静逸的张谷英村，我沿着清水砖与青石板合围的幽长的巷道，浏览那些久违的场景，重温许多熟悉的味道。清风吹过来，老房子的门开了，窗户开了，家的感觉就这样油然而生……

　　翻读《湖南传统民居》的书稿，让我重返梦中和忆中的家园。不论湘北岳阳的张谷英，湘南江永的上甘棠，湘中新化的紫鹊界，湘西会同的高椅、永顺王村、洪江古镇、乾城旧屋……那么陌生而亲切、生疏而熟悉。那是未曾老去的生活，是代代延续的香火，是关于历史建筑的野史，是原野上劳动人民的殿堂。

　　这本著作，无疑是关于湖南传统民居的最新集成。它从地域的角度，划分了湖湘大地民居的分布区域与特征；它从艺术的角度，展示了拙朴自然饱含匠心的民居原创杰作；它从技术的角度，解析了民居的结构、布局、功能、材料和施工；它又从文化的角度，探寻其特殊价值、继承保护与未来走向。

　　我们关于湖南传统民居一点零碎粗浅的认识，在这里得到整合，得到理性的审美趣味与价值判断。从选址中，可以看出天人合一的环境与自然追求；从形制上，可以体认对物候与农家生产生活的把握；从装饰装修上，可以欣赏质朴天真醇美的手艺与聪慧；从营造方式上，可以看到建筑工具的变迁、不同时代的生产力水平；而从汉、苗、瑶、土家等主体民族民居看，背景各异而风情万种。

　　国际友人路易·艾黎凭阅历也凭直觉给了湖南传统建筑最高的评

价。他说，中国有两座最美的小城。一座是福建的长汀，一座是湖南的凤凰。凤凰之美，融非物质文化与物质文化遗产于一体，汇古老街区与传统民居于一格。在南华山与沱江的美境之中，在土家苗族的风情之上，最显眼的莫过于身姿婀娜的吊脚楼——那典型而集中的湘西民居是凤凰的标志。

整体而言，湖南传统民居最大的特征是没有显著而单一的特征。正如方言，五里不同音，十里不同俗。又如戏曲，可以挖掘出几十个地方剧种，好事者将稍稍出名的剧种汇聚一堂，命名为"十九和弦"。这里的传统民居也是如此，丰富、多样，因人而宜，因地而变，各区域甚至一县一乡都迥然不同，构成了三湘大地藏之村野而令人珍爱的明珠。

也许没有福建土楼的奇异，也许缺乏乔家大院的声名，也许难比徽南民居的儒雅，但这也是恩格斯赞赏的"这一个"。这就是我们湘人的家的地方。

（2006年2月23日）

建筑是凝固的文化

——湖湘文化访谈之十五

刊发媒体：湖南日报

记者：蔡栋

嘉宾：蒋祖烜

早就知道蒋祖烜一直在新闻传播的理论与实践上下工夫，十分专注自己的本职工作。还知道他出过一本《辣椒湖南》的书，从辣椒看湖湘文化，视角亲切而独特。又曾与他一起出差，一起逛书店，诧异他还留心建筑文化类图书，且一买就不问价钱。后来到他家中闲聊，看见他的书柜中，建筑类的书竟然很成规模。莫非他对此还有什么嗜好？一打听，才知道他对建筑确乎比较关注，这缘于他曾经和建筑设计、建筑评审打过一些交道，几次交道后，竟然爱上了建筑，觉得建筑这门艺术，与人的生存方式和生存质量息息相关，建筑外和建筑里的风景同样很迷人。

不久前去宜章，听县里的同志说，祖烜曾到县里，为"走进大湘南"选点，考察莽山，走得飞快，令这些长年在山里走的同志都有些跟不上他的步伐。他听说某乡有一明清古建筑，特意绕道参观，这回却走得极慢，看得十分仔细，还叮嘱县里同志好好保护之。

他曾为一本谈建筑的书写过一篇书评，中国建筑工业出版社的社长看后竟打电话来问他是不是学建筑的。

祖烜一直关心湖湘建筑，几十篇建筑文化随笔将结集为《念楼骄——蒋祖烜建筑随笔》出版。他关于保护湖湘建筑风貌的呼吁，实在值得我们重视。

记者：有人说，建筑不仅是"凝固的音乐"，更是凝固的文化，湖湘文化为我们留下了一份珍贵的遗产，湖湘建筑也是遗产之一，值得我们好好保护和研究。你认为湖湘建筑文化有哪些珍贵的历史遗存？

蒋祖烜：湖湘建筑是湖湘文化的有机组成部分，源远流长，灿烂辉煌。古代建筑方面，亭台楼阁、寺庙书院、宝塔牌坊，形制齐备，精品传世。据文物部门统计，全省不可移动的古建筑省级文物有109处，其中岳阳楼、芙蓉楼、天心阁、岳麓书院、龙兴寺、开福寺、南岳大庙、宁远文庙等闻名于世。传统民居多姿多彩，湘西、湘南尤佳，如岳阳的张谷英村、怀化的竹林坪村、高椅村、黔城古镇、江永的上甘棠村等，都基本完好，极具特色和价值。近年还不断有新的发现。苗族、瑶族、侗族民居也是其中有机的组成部分，其凉亭、鼓楼、侗桥，民族风情浓郁。

谈古代建筑，我要特别推荐凤凰古城和岳阳楼。湘西的凤凰古城被誉为中国最美的两个县城之一，国际友人路易·艾黎说："中国有两个最美的小城，一个是福建的长汀，一个是湖南的凤凰。"《新周刊》曾组织过一次特色城市评选，凤凰也榜上有名。岳阳楼的建筑技术、艺术、文化价值，在中国建筑史上也有自己的一页。"先忧后乐"承载的文化分量，衔远山吞长江造就的地理气魄，给人留下深刻的印象。全楼不用一根铁钉的建筑技术堪称奇迹。更为重要的是，它证明了木构建筑的恒久。从始建于唐，宋滕子京重修，至今已有1 700多年的历史，经历代兵火战乱，它依然耸立在洞庭之畔，弦歌不断，香火不绝。它既依赖于人力的维护，更得益于文化传统的累积。

近现代史迹及代表性建筑列入省级文物保护单位的多达103处。值得一提的有南岳忠烈祠、芷江受降纪念坊、湖南第一师范、湖南革命烈士纪念塔等。20世纪初，帝国主义的文化扩张，在省内留下一批西洋建筑，同时也拉开了中国建筑现代化的序幕，这批"洋楼"也成为重要的历史遗存，不应该损毁。

当代湖南建筑史上也有一些杰出作品。如湖南大学礼堂、长沙火车站、湖南宾馆、湖南省委建筑群，都是建筑大师的杰作。省委建筑群是

同济大学教授吴景祥先生的代表作。建于20世纪60年代的韶山毛泽东同志纪念馆，是具有强烈时代特征和地方特色的纪念性建筑。当年，中南局第一书记陶铸同志对纪念馆的建设提出了"依山就势，藏而不露，乡村风貌，城市内容"的设计原则，体现了领导人高水准的建筑理念。

记：德国学者兰德曼认为："文化创造比我们迄今所相信的有更加广阔和深刻的内涵。人类生活的基础不是自然的安排，而是文化形成的形式和习惯。"你一直关注湖湘文化的研究，你认为湖湘文化与湖湘建筑有怎样的关系？

蒋：文化是建筑的灵魂，建筑是文化的物质表达。湖湘文化中的历史人物、历史事件，都可找到对应的建筑物，他们相辅相成，交相辉映，形成了一道独特的文化风景。留存在湖湘大地上的这些建筑精华，无言地诉说着岁月的沧桑，有形地证明着湖湘文化的深厚与悠远。

如王船山的湘西草堂和墓庐，曾国藩的双峰富厚堂和长沙坪塘墓地，谭嗣同的浏阳大夫第，又如岳麓书院等，都是湖湘文化的重要见证。特别值得注意的是，湖南是毛泽东、刘少奇、任弼时、彭德怀、贺龙等一大批无产阶级革命家的故乡，他们的旧居和革命活动场所大多保留完好，既是爱国主义和革命传统教育的课堂，又是不可多得的湘派建筑佳构。

记：美学家认为建筑现象具有两层意义。一方面，是由服从于客观要求的物理结构所组成；另一方面，又具有旨在产生某种主观性质的感情的美学意义。如何看待湖湘文化建筑的美学意义？

蒋：根据建筑美学原理，建筑美集中体现在造型美、空间美、环境美三个方面。湖湘建筑的美学特征从多方面丰富和完善了这些美学原则。湖湘文化建筑首先受到经济条件和自然条件的制约。因为四季分明，温差大，湿度大，雨水多，建筑物一般注意避免阳光直射，强调通风采光。房屋大多坐北朝南，进深大，净空高，出檐长。又因为丘陵多，平地少，耕地紧缺，房屋多依山就势，少占耕地。建筑文化方面一边受中原建筑文化的影响，整体上属于南方建筑大类；一边受当地少数民族文化的影响，在装饰、构件和细部上有神奇、多彩、细腻、精巧的一面，形成了实用、美观、坚固的基本特征，建筑美学特色既与江南民居相吻合，又有自己的独创。比如，湘西地区的那种吊脚楼，就是独一无二的。

记：地方色彩是优秀的建筑不可避免要打上的烙记，书院与民居概无例外。如南方的书院多采用天井院落形式，并配以风火山墙，北方的书院多采用四合院形式，黄土高原上的书院则不少是土坯房，这就是地方色彩。湘西民居美不胜收，如凤凰民居，你光看屋脊上的脊饰，就很有讲究：有的呈卷草纹，有的是凤凰造型，体现的是楚巫浪漫飘逸的特点。如何从地方传统民居的角度认识湖湘建筑的特色？湖湘建筑与江浙、云贵、广东、安徽等地的建筑有何不同？

蒋：地方建筑特别是传统建筑、民居与当地的宗法观念、风水环境、民俗乡情，乃至经济水平都有紧密的关系。在汉文化的大环境、大背景中，湖湘建筑的地域差异是细微的、渐变的。北方地区天气寒冷，屋矮而窗小以避风寒，院大而敞以纳阳光。江浙民居平面与立面的处理灵活多样，悬山、硬山、歇山、四坡水屋顶广为应用，因经济条件好，材料高档，细部华美，结构复杂，凝练而明确的细条体现了亲切而和谐的节奏。云、贵、川山多而平地少，同一住宅中有多个等高线，多依山就势的取向，石材、木材丰裕，建造得厚重朴实。北京地区受皇家气派的影响，讲究对称平稳，端庄里透出威严。广东建筑则得西洋风气的熏染，带有明显的外来痕迹，如开平的侨乡建筑洋楼、碉楼等。安徽民居的艺术价值较为独特，"远离曲折的空间乡隔，规整方正的庭院，雕镂细腻的纹饰，几乎处处都是强烈的对比。但总体效果又是高度的和谐。"湘西民居的建筑形制源于徽派，但又融合了楚亚的浪漫色彩。湖湘民居最普遍和最显著的特点是与环境和谐协调，白墙、黑瓦、木窗在山坡绿林之中若隐若现，真有"白云深处有人家"的意境。湖湘民居大多为木结构、瓦顶，有的还用重檐。其结构组合充分考虑天气与地貌条件，屋与屋之间通过中庭、天井巧妙过渡，紧密联系，避开了日晒雨淋。在造价上一般比较适中，少有豪门大宅。但实用之外，又很讲究变化，如民居雕花窗，各种图案，少有雷同，有的画家到湘西写生，专门画窗画门，也颇有美学价值。

记：千年学府岳麓书院是我最喜欢去的地方之一，那种文化氛围，那种古色古香的建筑，真让人陶醉其中。书院建筑追求"天人合一"的理想境界，寓教于游憩之中，体现"礼乐相成"的理想，在构思创作上表现"情景交融"的特色。据说全国有7000多所书院。书院建筑不像宫廷建筑那样威严，也没有宗教寺庙的神秘，与民居相比，又多了层文化气氛，它既庄重典雅又朴素实用，以一种文人化的美学风格区别于其他建筑。请谈谈书院建筑在湖湘文化建设中的地位和价值。

蒋：书院是湖湘文化的源头，中国古代四大书院湖南就占有半壁江山。一家是衡阳的石鼓书院，一家是长沙的岳麓书院，各地还有一大批各个档次和级别的书院，如道县的濂溪书院、平江的天岳书院、岳阳的金鹗书院、衡阳的东洲书院、湘西的虎溪书院、益阳的箴言书院等等。据史载，清代书院遍及全国，接近两三千之数。它们既是传播湖湘文化的载体，同时本身就是湖湘文化的组成部分，是湖湘文化可触可摸的绚丽瑰宝。

前几年，在岳麓书院摆开的电视论坛——"千年讲坛"引起了广泛的关注。但人们对岳麓书院的建筑美注意不够，书院的建筑特点何在？它是介乎皇家宫殿、寺庙建筑和民间传统建筑之间一种独特的建筑形态。如果把皇家宫殿比作一幅宫廷画，把传统建筑比作一幅民间版画，那么书院建筑就是一幅典型的文人画，富有浓厚的书卷气息。以岳麓书院为例，从哪个角度看，都是最美的。在功能上，满足教书育人的独特功用，庭院宽阔，院落紧凑，在建筑上主要是靠中轴对称及多进院落式布局方式来实现的。讲堂、书斋、后花园布置有序，从匾额、楹联到植物，处处呼应文雅的气质。书院一般选择在风景幽雅的郊野，多依山傍水，或山环水绕，外观朴素，建筑与环境融合协调，达到一种"天人合一"的境界。

记：如果说人是文化的存在，那么毫无疑问，建筑也是文化的存在。事由人兴，湖湘建筑有什么建筑名家吗？

蒋：近年来，随着建筑文化之热潮，大家都知道梁思成、知道林徽因。其实我们湖南有一位与梁思成齐名的建筑大师——刘敦桢，史称"南刘北梁"。刘敦桢先生（1897—1968）是湖南新宁人，我国著名的建筑学家、建筑史学家、建筑教育家。早年留学日本，曾任中央大学工学院院长、南京工学院建筑教授、中国科学院学部委员。刘先生是我国建筑教育的开拓者之一，培养了一大批建筑人才，奠定了用现代科学方法研究中国古代建筑遗产的基础。

湖南建筑教育在中国近代建筑教育史上占有重要地位。我国近代建筑教育始于1923年的苏南工专建筑科，创始人为柳士英。1927年苏南工专建筑科暂停。1934年刘敦桢力荐柳士英在湖南创设建筑组，开创了湖南的建筑教育。1953年院系调整，国务院决定合并湖南、武汉、南昌、广西、四川、云南大学和华南工学院所属全部建筑系、建筑专业及铁道建筑专业等单位，成立中南土建学院，聚集了中国南方地区最雄厚的师资力量，柳士英任院长，造就了一代湖湘建筑学风，培养了一大批建筑人才。杨慎初是国内知名的古建筑专家，现在的岳麓书院即是由他主持修复的。

记：如今各地城建的发展速度很快，一栋栋高楼拔地而起，鳞次栉比，这固然是好事，但建筑的同质化现象严重，对许多古建筑的破坏也是不争的事实。记得你在接受电台记者的一次访问中作过呼吁，我想问一下，如何在大规模的城市化、现代化过程中，保护和维护湖湘建筑的特色?

蒋：近些年，湖南各地城市建设的成绩有口皆碑，成绩很大，如果讲问题，最大的问题是千篇一律的城市面目。

究其原因首先是古建筑、传统建筑不同程度地受到破坏，城市的历史和文脉被割裂，如长沙五一路上的省供销社大楼、上麻园岭的陈明仁公馆、益阳的信义教育系列建筑、岳阳的城陵矶海关的消逝，都成了让人扼腕叹息的永不回来的风景。

其次是大量的现代建筑拔地而起，尤其是房地产商掩抑不住的利益冲动，在房产开发中不注意地方特色，不考虑环境因素，所谓欧陆风情、国际风格与传统建筑交错，相互矛盾，光怪陆离的次品、废品不少，精品罕见。

第三是城市园林景观建设中的跟风病与近视症，用草坪取代森林，用单一的植物取代原有的丰富和多样，用"大树进城"来满足一己之私利，造成更大的环境破坏，用人工的假景替代天然的野趣，用一览无余的喧哗嘈杂取代幽深宁静的"曲"与"隔"，用大量的砂、石、水泥覆盖大地，整齐划一，板密一块，给自然亲切的土地披上一层厚厚的水泥"铠甲"，渗不进水，透不出气。评价城市建筑水准，千万不能满足于一般的"群众好评"，不能无条件地迎合所谓的"政绩标准"。保护湖湘传统建筑是各方面的共同责任，既要有科学民主的抉择，充分发挥专家的作用，又要对建筑项目的投资方和设计方有文化方面的明确规约，更重要的是要唤醒全民的建筑文化意识。

细节决定成败，挽回湖湘建筑的风貌，要从现在做起，从每个建筑项目做起。我曾多次呼吁，对现有已经十分珍贵稀有的历史建筑遗存，如街区、建筑群、单体建筑要千方百计加以保护，不要以危房和改善人居环境为借口，多少为城市留一点地域色彩和历史痕迹。同时，在新建筑中，尽可能多地运用湘湖建筑富有美学价值的因素，如马头墙、风火墙、长檐、方形或圆形窗格、清水砖墙等，和线条、图案、装饰、色彩、材质等建筑元素打散构成，有机地用到现代建筑当中去，形成新的湖湘建筑流派。

（2006年11月）

边缘的美景
——黄铁山和他的水彩艺术

1999年8月，第九届全国美展水彩、粉画展在古城南京隆重开幕。黄铁山先生以展区评委会副主任的身份参与主持这次大展。水彩画强烈的表现力量和丰富的艺术手法，让观众心神一爽。以这次展览为分水岭，水彩画从往届国画、油画、版画、雕塑四大艺术门类之外的"其他"类的附属地位冲决而出，以三个金奖与油画、国画平起平坐。令所有参与组织者受到鼓舞和难以忘怀的戏剧性事件是：中国水彩画界泰斗、世纪同龄人李剑晨先生莅临展览，老人坐轮椅赏评作品后，兴奋难抑，热泪盈眶，流露出与他的高龄不相称的激动，他说："一个世纪的中国水彩理想，你们今天实现了！"为中国水彩画圆梦的有百余年来几代画家的信念与创造。这里有老一辈水彩画家开拓的业绩，有新一代青年画家创新的成果，更有中年一辈水彩画家承上启下的艰苦努力，正如《中国现代美术全集·水彩卷》序言中所写的："中年画家是当前我国水彩画创作的发动者和组织者。他们大多数毕业于20世纪五六十年代，受过严格系统的美术教育，有着丰富的经历和长期的生活实践、严谨的造型功力，创造出了具有一定时代性的作品。"黄铁山无疑是其中成绩斐然的重要一员。难怪这篇题为《中国水彩百年回顾》的序言中，有四次提到黄铁山的名字和作品。

世纪交替的时段，黄铁山的水彩艺术也进入了新的境界。1999年4月，中国水彩画名家精品拍卖在昆明世博会开槌，这是中国水彩画首次在艺术市场整体亮相，黄铁山的作品和其他水彩画家的作品一起高价位拍出成交；5月，中国美术家协会第二届水彩画艺术委员会在

桂林成立，黄铁山出任主任，统领中国水彩画的创作与研究，成为地方艺术家担纲全国性学术要职的第一人；9月，中央电视台《美术星空》推出专题《灵性的画种》，介绍当代中国水彩画的发展与流变，湖南被誉为"水彩画大省"，黄铁山作为承上启下的代表人物，被予以重点推介。2000年9月，"黄铁山水彩画展"在深圳举行，近百幅原作精品首次整体亮相，给人们留下了深刻的印象。在展览期间的专题研讨会上，与会专家对黄铁山的艺术成就给予了高度的评价，展品《布列斯的傍晚》《摩洛哥小镇》《圣彼德堡》被中国美术馆收藏。《西非海岸》《列维坦故乡》被关山月美术馆收藏，这可以视为黄铁山水彩画创作的世纪小结。

一、美的历程，从边缘向中心跨越

黄铁山是自然之子。1939年3月17日生于湖南省地处边远的洞口县山门镇。近代民主革命家、军事家蔡锷的童年也是在这里度过的。镇上一色古旧的老式小街，散溢着湘西民居吊脚楼的韵致。黄泥江的激流从重峦叠翠的瑶山奔腾而来，穿过山门后便注入一马平川的田野。故乡的美丽和贫困同样令人心颤。与生俱来和与日俱增的对大自然的迷恋、对劳动人民的崇敬，长期滋养着画家的诗情与灵性。15岁起，黄铁山便与水彩画结缘。他在画中真切地注视着大自然的醇美与宁静，诚挚地抒写着自己的精神历程与心灵幻象。

黄铁山的艺术学习是幸运的。1953年从家乡小学毕业后考入湖南省艺术师范学校，师从王正德先生，这位毕业于杭州艺专，秉承了英国水彩画的正宗体系的良师，带着他走上了传统水彩之路。紧接着考入湖北艺术学院美术系，三年中，师从魏正起、钱延康、孙葆昌诸先生学习水彩，师从杨立光、万昊先生学油画，师从张振铎、王霞宙先生学习国画。一方面广泛吸收各画种营养，且发奋读书；一方面在水彩画上以近乎狂热的激情单科突进。美院附近有一家奶牛场，他每天天不亮就赶去做准备，等待着第一缕晨曦的降临，每天至少拿出两张水彩习作。勤奋的劳作使黄铁山在各方面打下了坚实的基础。多年以来，黄铁山仍感激学院里严谨得法的基本功训练。后来，他把这些基本功归纳为五个方面：素描和色彩的基本功、水彩技法的基本功、学习传统的基本功、深入生活的基本功、艺术修养的基本功。"功到自然成"，是他学习与实践经验的总结。

大学毕业后，黄铁山分配到湖南省群众艺术馆，从此进入了专业美术创作的队伍。一手伸向生活，一手伸向传统，开始了在艺术道路上漫长的旅程。从学院走向广阔的生活，每年的大部分时间，他都直接沉入生活的底层，在基层从事群众美术的辅导与采风。甚至以一个普通干部的身份做了前后历时八年的农村工作。在湖区和山寨的生活与创作艰苦而又充实，与农民长年累月同甘共苦的相处和心心相印的情谊，孕育了他对自然与人民的真情，数以千计的速写和写生，锻炼了他艺术的感受和绘画的技能。

1963年，"英国水彩画300年作品展"在上海展出，黄铁山抓住了这一难得的机遇。展出期间，他对照原作临摹了波宁顿、瓦利、麦尔维尔、透纳等水彩画宗师的大量作品，并聆听了倪贻德、秦宣夫等老一辈水彩大家的解说。他"深切地感受到水彩在透明、轻快、润泽的本体语言外，更重要的是英国水彩画丰富的表现力，既有恰到好处的形体塑造和精确入微的空间关系、色彩关系，又有厚重充盈的艺术格调，对水彩的审美趣味有了新的更深刻的理解"。画展间隙，他又分别拜访了老水彩画家潘思同、张充仁、樊明体等先生，他们的艺术人格和谆谆教诲，对年轻的黄铁山产生了深远的影响。

黄铁山对中国绘画传统的学习也从不懈怠，创作之余，精心临摹了一批宋画和石涛的山水画，直接体验到中国画的笔墨与意境。

丰厚的积累迸发出灿烂的艺术之花。1961年，黄铁山画出了他的处女作《电站晨雾》，首次在全省美展中获奖，并被《湖南风光》画册选用出版。当时，年仅22岁的他，作品能跻身傅抱石、钱松嵒、关山月等名家作品的画集中，应该说是莫大的殊荣了。1964年，反映洞庭湖区粮鱼丰收和电器化、机械化巨变的《洞庭湖组画》面世，成为他这一时期的代表作和成名作。这套组画入选"全国第四届美术作品展览"，好评如潮，先后被《人民日报》《光明日报》《人民中国》《中国文学》等多家报刊发表。这批富有新意的作品既有浓郁的地方特色，也散发出那个时期积极进取的革命理想主义精神和浪漫主义色彩，既明显地流露着学习传统技法的痕迹，又体现着作者喷发的创作才情。遗憾的是，这个良好的创作势头，由于随之而来的"文化大革命"运动而夭折了。

"文革"十年是黄铁山水彩画创作的停滞阶段，他被迫终止了对水彩画艺术的探索与追求，但却在革命历史画创作中取得了另一领域的新成绩，先后完成了油画《韶山建党》《夜读》《新民学会新年会议》等作品，分别在韶山陈列馆和清水塘纪念馆展出。彩色连环画《灯伢儿》参加"全国连环画、中国画展览"，并公开出版。这一阶段唯一留下的水彩作品是《韶山》写生。尽管远离他所钟情的水彩，但在油画创作中，黄铁山丰富和积累了创作的经验，加深了对色彩的理解，使造型的功力更为坚实。

1976年的"黄铁山、张举毅、朱辉、殷保康水彩画联展"，是湖南"文革"后的首次个人画展，昭示着水彩画创作的春天。黄铁山又以满腔的热情全力投入到水彩画的创作，此后，他沿着《洞庭湖组画》的路子创作了《江华林区组画》，其中《翠谷》参加了全国美展和亚洲国际艺术展。时代与社会的变迁开始直接反映到黄铁山的创作中。《小院日当午》和《金色伴晚秋》是其间的代表作。前者勾勒了党的十一届三中全会后苗寨农家妇女由集体出工改为自主劳动，小聚庭院闲谈家事、缝纫新衣，流溢出轻松悠闲的满足。后者描绘饱经风霜的农村老妇沉浸在晒谷场上的丰收喜悦中的画面，满幅金色的稻谷让人生出无限感慨。这时期黄铁山开始自觉追求水彩画的思想容量，告别小景小人，介入宏大题材，表现时代精神。同时，广泛吸收传统和外来艺术的营养。明显受日本的东山魁夷、美国的怀斯等创作风格的影响，作品在深度和细微方面有成功尝试，但也感觉到水彩较重的分量和负担。

从1986年开始，黄铁山生活的视野与创作的水准提升到一个全新的境界。在写生的范围走出潇湘与乡土的同时，艺术活动范围与视野也得到拓展，在非洲四国的采风写生及参观巴黎卢浮宫、奥赛美术馆后，一批力作接连问世。《西非海岸》《摩洛哥小镇》等突破了以往单一的乡土气息和一般的表现形式，新的视野、新的感受和新的技法使他的水彩有了新的面貌。

西藏之行让画家回到本源的自然崇拜，对大自然伟力气势的崇敬与虔诚，使创作再获突进。《暮归》以全张纸的大幅画，实现水彩画表现较大容量的理想。一线落日余晖透过厚重的积雨云投射出来，变幻莫测的高天流云中，暮归的藏民如雕塑般矗立在高原之上，人与自然浑然一体，大山、大水、大情、大景，扑面而来，挥之不去。俄罗斯之旅，大师的原作对画家产生了震撼。列维坦、库英治等的风景画意境，表现自然的深度，给他直接的启迪，再次提升了他创作的深度和力度。

这期间全国性的专业刊物《美术》《水彩艺术》《中国水彩》等均设专题评价了他的作品，他自己还先后发表一批关于水彩画艺术的研究与理想思考的文章，对全国水彩画创作产生了积极的影响。与此同时，黄铁山的水彩画开始走向香港、台湾地区和东南亚国家，乃至美国，影响面逐日扩大，艺术风格也日臻完善。

二、美的追求：从西方到东方融合

停伫在黄铁山先生的作品面前，一种对自然与生活之美的颖悟油然而生。我们看到苍老而坚强的农舍，广阔而成熟的田野，独立的树木与茂密的绿林，有的倒映于透亮的清波，有的直指白云与蓝天。南方丘岭的妩媚与北方山冈的伟岸变得如此亲近和熟悉。黄铁山营造的那些经典意象，是一支微微苦涩而清新的歌，是一阕精心锤炼、饱含诗意的长短句，是一个古典而优雅的梦，是心的呼唤与自然应和的天籁。此时此刻，此景此情，牵引着漂泊在滚滚红尘有些疲惫、有些混浊的目光与心灵，让人顿生归来与栖息其中的遐思与向往，一种醇美、沉着、从容与宁静随着色彩的浸润与渲染，弥漫你的整个心绪与情怀。

水彩画是舶来的西洋画种，它的故乡远在大西洋碧波中的英伦三岛。水雾迷蒙的湿润气候、草木葱郁的植被覆盖、深厚的人文传统和先进的工业文明，催生了水彩画这一独特而优雅的绘画艺术。水彩画传入中国有280多年历史。而作为一门独立的艺术形式真正在我国形成，应从20世纪初第一批从国外归来的画家算起。中国水彩画通过几代人近一个世纪的努力，终于在中华艺苑绽放出娇艳的花朵。在世纪之交，黄铁山以其水彩创作独特的艺术价值，成为中国水彩道路上的佼佼者和担纲人物。

钟情于水彩艺术的黄铁山始终遵从着水彩的两个传统——外来于英国等西方水彩的法则与经验，内发于中国水墨的渊源与遗韵。数十年孜孜以求，苦耕不辍，不断走向水彩艺术实践的深层和理论的高层，形成了鲜明强烈的个性风格：在坚实的绘画基础上，苦心经营个性的水彩语言，把水彩的技艺发挥到极致。黄铁山认同水彩画隶属于西画体系的一种，其造型语言、审美趣味和表现技法都有其独立的品格，对光与色、明与暗、对象与体量的关系，乃至空间感和空气感的处理都有科学的依据，只有虚心地继承，老实地学到"那一套"，才可能发展创造，赢得安身立命的"这一套"。

黄铁山始终如一地重视以造型为核心的西洋技法的基本功底。他曾下工夫临摹了不少英国水彩画杰作，从透纳、科特曼、康斯坦布尔和波宁顿等大师的笔触中体味与追寻其微妙技法和独特匠心，以致他的学生见了这些临摹画感到十分新奇和惊讶，原来水彩画还能画成这样！

锤炼水彩纯粹的本体语言，以水色交融的美还原视觉与哲思的神奇，是黄铁山对水彩画精神的独见，也是他从不懈怠的目标。"无彩，则赶不上国画的韵味；无水，则追不上油画的表现力。"把握介乎其中的特性，方能张扬其独有的优长。他的笔下，含混不清的酱油色消退了，清新透明的色彩与光泽，逼真地接近着五彩缤纷的现实和自然。湿画法是他偏爱的形式，创作中，他一方面大胆追寻空濛、流动的肌理效果，铺陈出如真似幻的整体气氛，同时，又能缜密控制住浸润的维度，妥善而果敢地应变点化种种意外的效果；另一方面又精确细微地勾画对象的神形，惟妙惟肖地打造出特定的景物与人物，展示出收放自如的超凡功力。

在深厚的国画传统之中，精心构造纯美的水彩意味，把水彩画的品格升华到化境。著名散文诗作家邹岳汉先生曾用一首短诗题咏黄铁山的《潇湘月》：

白昼，一扭脸匆匆走远，不再回头；月亮，在前方升起又一轮太阳。

夜色，一层层变得浓厚了，总裹不住比夜色更为深沉的翅膀。

天空，因翅膀而辽阔；黑夜，因飞翔而孕育希望。

黄铁山的每一幅作品，几乎都可以用诗来解读和诠释。这便是其水彩艺术的第二个鲜明特征。继承与光大中国水彩的传统，中为西用，以水彩语言营造诗的意境。

英国人认为，用颜色在纸上作画，中国的历史比英国更长。俄罗斯学者米哈依罗夫则在他的水彩画专著中专门把中国画列为一章，足见水彩与水墨难以分割的血缘。黄铁山认为，中国画"把自己画进去"的情调与意趣，提升了冷静的、照相式的写生，不仅仅把自己作为客观的媒介，而且在艺术表现中加深思想的内涵，发散作者独特的情感。

对汲取中国画的传统与精神，黄铁山主张越过元明清，直追唐宋。他认为，元代以后的作品渐渐疏远了时代和生活。在非洲采风写生途中，参观塞内加尔民族干部大学，黄铁山经历了一次心灵与艺术的震撼。学校精品陈列室一幅复制的范宽《溪山行旅图》，其气势与力度让其他的作品黯然失色且望尘莫及，在异域的背景中，中国艺术更凸现出无可替代的强势魅力，不断强化画家弘扬中国特色与民族气派的信念。

黄铁山的意识与灵魂深处，有一股强大的创造活力。几十年的艺术生活中，他把学习与实践列入从不变更的基础课和必修课，始终以苦的劳作和韧的精神，勇敢地突破既往，果决地超越自我，从不言败，永不言止，一次次实现其水彩艺术的蜕变与升华。

在强烈的时代精神中，大胆拓展褊狭的水彩题材，把水彩画的主题引申到时代。在水彩语言的纯粹化与东方意境的营造方面，黄铁山的探索之深与成就之著无可怀疑。而他的整个创作表现出来的时代精神则把水彩画的容量推上一个新的高地。

水彩画作为一个轻灵小巧的画种，从一开始便是以唯美当做自己的最高旨趣：轻描、淡写、畅快、雅致、灵动的艺术效果，似乎既是起点又是归宿。然而，创作意识薄弱成为阻碍中国水彩画发展的瓶颈，"集中表现在题材比较僵化，风格手法单一，表现自然景物的'对景写生'式的作品仍占极大比例，直接表达主观世界的表现性作品数量不多"。黄铁山对这种僵化与偏见的突破，无疑是令人瞩目的艺术革命。如果说早期的《洞庭湖组画》在直接表现当代生活方面尚属自发的偶然因素，到改革开放后的《小院日当午》和《金色伴晚秋》则完全是一种自觉的艺术使命。这些题材源自黄铁山感同身受的农村生活经历，当然自然而真切。《中国水彩画史》评价黄铁山等四位画家时指出："艺术都来自对生活的直接感受，真诚地表现对象，反映出朴实、深厚、精练的风格。"

追随时代，心系人民是贯穿其创作整体的艺术指向，同时，也成就了黄铁山艺术创作独有的分量和价值。

作为新中国自己培养的第一代画家，黄铁山自然地烙上了鲜明的时代特征与历史局限，但他在追求中国特色、民族气派与地域风情的艺术道路上走出了较远的里程，特别是逐渐形成了比较成熟的个人风格，即真诚地确立为人民大众服务、为时代服务的社会责任感，以真善美艺术的真谛在西画传统与国画精神中汲取营养，在生活现实与艺术灵感中滋长激情，形成了水色交融、清新明朗、灵动洒脱、层次丰富的水彩语言，真挚朴实的情感自觉升华为"气来、神来、情来"的艺术境界，为强化水彩画的表现力作出了重要的贡献。探究黄铁山水彩艺术的背景与内力，可以从他的作品特别是一系列理论论述中获取答案，即治学之严谨，求精之执著，图变之果决，法自然之有恒。

黄铁山在创作上表现出的严谨态度是人所共知的。他绝不同于一般艺术家的粗放不羁之态，反对重数量而不重质量的轻率之为与潦草之作，反对投机取巧之心和哗众取宠之意。以一丝不苟的科学态度敬畏着水彩这门学问，博采众长，精益求精，不懈追求水彩画朝着思想精深、艺术精湛、制作精良的目标靠拢。

艺术家的自我反省与辩证否定，是前进中的强大动力，黄铁山能够清醒地省察自己的不足与缺陷，不断给自己设定阶段性的目标，并且以座右铭的方式激励自己化劣为优，聚沙成塔。比如，他曾先后提出：放松放开，意到即可，改严谨有余为弛张自如；更强烈更明快，宁拙勿巧，避免中庸与面面俱到；吸收传统的线条与墨趣，大胆使用新材料与新技法，比如加强整体感，追求形式感，营造水彩感等。以此来警策和激励自我，不断突破自我。

从大地汲取灵感和营养，以稚子般的好奇心与"生疏感"去体味对大自然的新鲜感受，是黄铁山创造实践中具有个人特征的重要路径。几十年来，他紧贴生活的源头，在险远的异地追寻着奇妙的风景。江华林区、湘西山寨、沂蒙老区、雪域高原、非洲旷野、俄罗斯小镇……既留下采风写生的足迹，也留下艺术进步的印痕。他总是随身携带自己设计制作的小型画箱，抓住一切时机寻找写生对象，画了近千幅水彩小品。因为大师凡高的训诫对他是如此强烈而持久："那种永远立于不败之地的最稳妥的办法，就是不知疲倦地临摹大自然。"写生不仅锻炼了手感的精确与娴熟，升华了眼力的细腻与敏锐，更重要的是自然的气息滋润着诗心，画家永葆对大地山川不倦的新鲜之感与崇敬之心，常见而常新，见深而情深，感人的美景便如此生成。

三、美的理想，从画室到大众的拓展

在湖南水彩画家的群体中，黄铁山无疑是扛鼎和扛旗的人物，他以其不俗的人品艺德，去赢得和凝聚水彩画界的人心和人气，利用水彩画艺委会的阵地，开展研讨、展览和出版活动，发现新人，推出新锐，保持着湖南水彩画创作的优势和活力。《中国水彩画史》对这一点也赞许有加："黄铁山、张举毅、朱辉、殷保康四位画家多年来在水彩画园地里孜孜不倦，潜心探索，不论画品、人品都为青年一代水彩画家树立了榜样。"

黄铁山没有把自己定位于一个单纯的画家，他清醒地意识到自己承载的特殊的义务和责任。尤其是从他就职中国水彩画艺委会主任后，更以中国水彩画创作的领头人和组织者的眼光，致力于建立中国的水彩画体系。

黄铁山认为：中国水彩已经从作为写生练习和搜集素材的手段转为了为众多观众喜爱的独立的架上绘画；从只有小幅的轻描淡写到了有大幅的鸿篇巨制，水彩不再仅仅是轻音乐式的抒情小品，也有了交响乐式的雄浑博大的奏响；从只有少数爱好者的投入到有了人数众多的队伍；从比较单一雷同的创作模式到初步涌现了一个题材广泛、手法多样、风格各异的多样发展的新局面。但是在看似耀眼的辉煌面前，他也敏锐地察觉出中国水彩的种种问题，他在《关于中国水彩的世纪思考》一文中，指出了当前水彩创作中的不良感觉，提出了抑制这些不良倾向，促进中国水彩健康发展的方向。

在致力于自我创造日臻完美的同时，黄铁山开始把目光和才情投入到整个水彩画展乃至更为广阔的社会空间。与个体的创造相比，这显然是更为艰辛的跋涉。从感性到理性、从画家到市场、从弱势到强势、从少数到大众，世纪之交，中国水彩的光荣与梦想已无可回避地扛在一代人的肩头，黄铁山以学术带头人与践行者的姿态，将中国水彩坚毅地向前推进。

置身边缘，黄铁山却孜孜不倦地思索着向中心迈进。边缘有绝佳的风景，也有潜在的空间；边缘远离尘嚣，也独拥孤寂中的宁静。水彩画期待着勤于发现、勇于坚守和善于感悟的眼与心灵。而换一个视角，边缘在另一个范畴恰是中央，这便是生活与艺术的辩证法。

（2001年5月）

七问张举毅

张老师您好。近几年来我一直想就建筑水彩的有关问题向您请教，但一直没有找到合适的机会，今天想用这种书面的方式向您讨教，盼望得到您的支持。

问： 水彩画与建筑师有怎样的关系？为什么世界上和我国著名的建筑师，如梁思成、童寯、吴良镛等，既有出色的专业水准，同时又能画一笔精彩的水彩画？

答： 水彩画和建筑并无因果关系。但各地市建筑师在作设计草图或效果图时，习惯于用工具、材料简便的水彩作草图或效果图（过去称渲染，分单色渲染和彩色渲染）；很自然的，水彩这门绘画领域的画种，常为有较高艺术修养的建筑师所掌握。

一些前辈建筑大师都有较高的文化艺术修养。梁思成是梁启超的后代，家学渊源毋须多述，就其对本身专业的执著追求，也非一般人能仿学。早在抗战时期，虽然时局动荡，经济条件极为拮据，但为了考察我国的建筑历史，梁思成与其患有肺病的夫人林徽因坚持设计工作。童寯、吴良镛、杨廷宝等都画得一手好水彩，为国内水彩界公认。我有童寯的水彩画册，也见过吴良镛的水彩、速写专集，还有东南大学的齐康、钟训正都画得一手好速写，并多次出版专集。

老一辈建筑大师可能一直遵循古今中外把建筑列为艺术门类的缘故吧。

问： 建筑水彩与一般艺术水彩是否有所区别？如果有，主要区别在哪里？

答：应该说没有什么区别，也没有"建筑水彩"这一说。

问：据说湖南大学因为坚持建筑美术的教学，意外赢得了在中国建筑教育界的地位，至今还是有关教材的编委单位，其过程可以给我们介绍下吗？

答：1990年，时任全国建筑学科专业委员会主任的齐康教授（今为中科院院士），召集了清华大学、天津大学、东南大学、同济大学、西安冶金建筑工程学院、重庆建筑工程学院、华南理工大学、浙江大学、湖南大学、大连理工大学、苏州城建环保学院共十一所院校建筑系的美术教师（多数指名参加），商讨编写高等建筑院校建筑学专业的美术教材，共五本（《素描》《水彩》《水粉》《速写》《建筑画》）。

五本教材的主编：《素描》：杨义辉（同济大学）、《水彩》：漆德琰（重庆建筑工程学院）、《水粉》：金九铨（东南大学）、《速写》：姜烨（大连理工大学）、《建筑画》：张举毅（湖南大学）。

当时全国仅湖南大学和天津大学开设建筑画课程，其他院校与会的老师根据其特长，各任某本教材的参编，只有我任《建筑画》主编外，又参编《水彩》，正式成立编委会和历次修订时，又增加了北京建筑工程学院和吉林建筑工程学院各一名老师。

这套书由建筑部审定。齐康、钟训正（今为工程院院士）主审，陕西人民美术出版社出版（1992年），至今已再版、修订多次，1997年获建设部优秀教材二等奖。1995年，全国建筑院校美术教学研讨会（第四届）在武汉工业大学召开时，中国建筑工业出版社来了一位编辑，要另外组织人员编写一套内容、形式与西安同样的教材，恰好西安那套教材的五位主编都参加了会议，商讨后，《水彩》《速写》《建筑画》由原三位主编担任，《素描》改由同济大学王克良任主编，《水粉》由天津大学董雅任主编，五本书均由一人主编，无参编人员。从1998年到2005年，我主编的《建筑画》已修订一次，印行十一次。

问：您在湖大建筑系几十年的教学实践中，对教育建筑系的学生掌握水彩的技法，提高其艺术兴趣与审美眼光方面，有哪些印象深刻的体会和故事？

答：凡教师认真教，学生认真学的班级，学风和成绩比较稳定和突出，少数优等生的水彩，甚至可以超过师大美术系学生的水平。原因是他们高考的文化起点比师范院校的高很多。再则，美术和建筑设计成绩几乎是统一的。但是近几年，据说增加了一些与本专业关系不是太大的基础课，就我系而言，下降的趋势比较明显，原来一、二年级的美术课总学时有468学时，今仅200多学时。多数学生对艺术知识兴趣很大。

问：在中国建筑教育的大体系中，您认为建筑美术教育的总体格局如何，大体走势如何？

答：由于电脑的发展和掌握水平的提高，大概从20世纪90年代中期以后，建筑设计的效果图，多数用电脑图表现，经过十余年实践后，一些接触电脑早的城市，又逐步回复青睐于手绘建筑画。因为电脑虽能较精确地表现建筑设计的整体和局部，但可能过于程式化，形式和表现方法几乎千图一面，很难体现建筑本身内含的艺术情趣。经过若干年的折腾，我系又大幅度削减美术课学时，就我所主编的两个版本的《建筑画》教材，经过若干次修订，我系学生的作品已逐步减少，以2000年西安这本教材的修订为例，我集合了我系学生的作业有30厘米高，结果未选中一幅，主要弊病是粗糙。

问：您能不能从一名资深建筑教授的角度，谈谈当代建筑师的表现？您能不能从一名画家的角度，谈谈对当代中国建筑的印象？

答：这两道题含义太大、太广，我不便深究。

问：您本人是湖南水彩创作中的一员大将，许多水彩作品以其特有的题材和风格，在全国美展中多次入选，为水彩大省的建设作出过重要贡献，现在您还在创作吗？最近有哪些作品和计划？

答：谢谢夸奖，我称不上一员大将，更谈不上有什么贡献。

我学生时代虽然成绩平平，但受业于上海美专和中央美术学院华东分院，不少大师、恩师的人品美德始终是我学习的榜样。多年来，我国水彩界由于有了中国美协水彩美委会的领导，既培养了一批中青年水彩画家，又使水彩登上了与国画、油画并驾齐驱的美术殿堂。

在庆幸之余，近数年来，某些被誉为佳作的作品，不知出于何种艺术观念，把水彩这门讲究水色情韵、色泽亮丽的画种，或被弄得干枯晦涩，板滞沉郁，或是细描慢绘无情可发地程式化制作，有的名为创新，都竭尽描、做、堆积得大，这种种形式，作者都画得辛苦，观者则更显辛苦和费解。

我仅是一个苦思苦行，而艺术观念绝不陈旧的作者，数十年的课余和退休期间，我从未停止笔耕和探索，我不善炒作和交际，一直遵循水彩画种应具的艺术情趣，坚持自己的信念，在走自己的路。

（2007年）

美景如此生成

——读陈飞虎的建筑风景

陈飞虎先生是"水彩大省"湖南的一员虎将,不是因为大学教授的头衔和美协副主席的身份,是因为他喷发的创造才情,因为他的水彩画。

画里有一片片迷人的风景:山麓枫林中,请聆听红叶被阳光撞击的金色回响;长岛浅滩上,请品读碧波间百舸争流的起锚与归航;老房子诉说百年千年沧桑,新建筑张扬造型的个性、材料的质感;凤凰城的雨是绿色的,雨幕浸润出的梦境,仙境一样斑斓……

在那些熟悉至近乎无睹、见惯早已不惊的地方,在那些平常得有些麻木的瞬间,画家借给我们一双敏感而新锐的眼睛。

不同的是,他是循着建筑风景的蹊径上路的。这缘于他的职业,也缘于他独立的美学理念:建筑风景不仅仅是建筑物的对景写生,也不仅仅是设计图稿的着色渲染。那是对自然的亲近熟悉,是对地理气候变化下光与影、明与暗、干燥与湿润的体验认知,是对人、建筑、环境的艺术定位,那是建筑师成功的必由之路。

在这条孤独而迷人的山荫道上,飞虎先生隐去了跋涉艰难,呈现给我们创作的欢乐和明亮的情绪。他总是把目光落在最光亮的地方,抓住第一感受;他强调色调、笔触和结构;他把每次写生当成一次创作活动,赞赏地观察、有情地表达;他不厌其烦地尝试写生的工具、材料和步骤;他甚至在失败的作品中找到了妙手回春的秘诀,从不轻易把画"坏"的作品扔掉。数十年忘我的全部身心的追寻,他积累了丰富的作品创作经验,也实现了纯美的升华。

→ 陈飞虎作品

当他回头把这些感悟告诉他的学生的时候，不再是教科书上平淡枯燥的句子了，听来让人觉得丰富、实在、易于领会和把握，登堂入室已不再是畏途，早已充满兴奋与诱惑。对未来的建筑师们，有什么比这样的美育更点滴入心呢？

水彩是艺术的，建筑的水彩又有科学的含量，20世纪初就与建筑技术结伴而行来到中国。建筑大师多是水彩大师，外国的柯布西耶、赖特、高第，中国的梁思成、童寯、杨廷宝、吴良镛，他们不仅有地上的作品，也有纸上的建筑。在这个特殊的园地里，更注重精密、强调程序、讲究手的功用。在推崇艺术灵感的同时，从不忽略工艺和工匠的特性。著者特意引用了法国雕塑家罗丹的警言："艺术家唯一的美德就是聪颖、专心、诚实和意志，要像真正的工人一样认真地从事你的劳动。"那是师生共勉的训诫。在《建筑风景·水彩画写生技法》这部主要提供给建筑系学生的必修课教材里，有对水彩画史的追溯，有对光、色、质的冷暖、强弱规律分析，大量的创作和示例作品都附有步骤方法的详解。书里贯穿着绝无机巧可言的劳动的严谨，是对水彩画技法蕴涵的巨大能量的尊重。在他的笔下，技术已经与艺术融为一体，凸现出无可辩驳的崇高价值。

短短5年，陈先生的这部教材已出到第三版，印数近万册，证明了著作的出版价值和读者的欢迎程度。他打算以后继续修订完善，不断重版，这正是我们图书出版业特别期盼的，也应该是水彩画界的佳音。创造性的反复是锻造精品和功力的熊熊火光。

陈飞虎先生出自湘北的山野，与生俱来和与日俱增的对大自然的迷恋，孕育出画家的灵性与诗情之花。从风景到风景画，需要眼的准确判断与手的娴熟配合。超越构图、赋形、设色等忠实于对象的技术层次，给水彩作品增添韵味和诗情，那便要用到心——对大自然、对建筑和一切艺术样式的挚爱、善意、灵性。

美景便如此生成。

（2003年6月于长沙蓉园）

彩色的抒情诗

——记张小纲和他的水彩画

南方二月，洞庭湖似乎还没有苏醒：平静的湖湾，嫩绿的野草，无人的轻舟，只有潺潺的流水暗示着一场剧烈而深刻的嬗变。这幅悬挂在客厅正壁的张小纲的水彩画《春晓》，每每在我凝视下，幻化出春天的喧响。

张小纲的画是彩色的抒情诗。他说："寻找出真正属于自己的东西，的确不是一件容易的事，对于追求水彩画艺术的人来说，更是如此。"1982年他从湖南师范大学毕业之初，并没有找到属于自己的画种，油画、国画、装饰画他都尝试过，又都让他放弃了。一次偶然的机遇，在洞庭湖写生，他试图用水彩表现湖的开阔、宁静和诗意，猛然发现内心的审美倾向和水彩的特有语言产生了共鸣。

灵感并不总是如期而至。于是，张小纲以湖湘子弟特有的韧劲，迈上了这条艰难的跋涉之路。湖南省水彩画界有人才济济而引人注目的群体，黄铁山、朱晖、殷保康、李朋林等实力派画家中，既有师长，又有学友，他虚心地从相互砥砺中汲取营养，又时刻清醒地辨识那条属于自己的小路。在中国画传统深厚的笔墨中，他取其现代构成意识的精华而去其陈规，大胆探求一种中画与西画的融合。为了对西洋水彩画追根溯源，1994年他负笈东瀛，盘桓东京、千野等地，一边讲学一边交流、展出，既开阔了艺术视野，又始终不忘在西式的笔法中挥洒中华民族的精气和血脉，三次个展都引起轰动。

张小纲说，他最不能忘怀的还是故乡洞庭。那是屈原的洞庭："薜荔柏兮蕙绸，荪桡兮兰旌"；那是李白、杜甫的洞庭："巴陵无限酒，醉杀洞庭秋"；那是范仲淹的洞庭："春和景明，波澜不惊。上下天光，一碧万顷。岸芷汀兰，郁郁青青。"无论什么季节，那里有堤、岸、汊、湾、滩、岛的沉静；那里有橘、苇、荷、雁、鸭、鸟的丰富；那里有云、雾、霜、雪的灵动；那里的汉子和村姑……总是五彩的洞庭，给置身其中的张小纲"一种说不出的舒心与亲近感，一种莫名的创作冲动，一种为之讴歌的使命感"。当他真诚的心袒露给真实的原野时，灵感与神韵往往不知不觉遗落纸上，浸染开去，衍化为如诗的画面。张小纲在走进洞庭深处的同时，也迈上了水彩画创作的新高地。他的作品先后入选中国最具权威和影响的第六、七、八届全国美术作品展览，多次赴美国、加拿大、韩国、新加坡、菲律宾、土耳其等国家参展，并两度刊载于《JCA世界美术年鉴》。《春堤》《晨光》《水乡端午》被中国美术馆收藏。

张小纲并非职业画家，留校执教15年，他一手握画笔，一手执粉笔，同时在教坛和画坛耕耘，可喜的是在美术教育领域也颇有心得和收获，1993年被评聘为副教授，并担任湖南师范大学艺术学院美术教育系主任。他不仅自己钟情于那彩色的抒情诗，他还把这种创造美的体悟传递给他的学生，传送给所有向往大自然开阔与宁静的人们。

（1997年3月）

聆听阳光
——李水成水彩画印象

走进李水成先生画展，如同走进了花开的原野，走进了葱茏的山岭，走进了炫目的阳光地带。

明朗阳光，活泼阳光，温暖阳光，从云的罅隙、屋的山墙和树林的镂空，一片片，一缕缕，洒落、铺陈、碰撞、荡漾。

《夏日清风》是阳光系列的开头。1999年仲夏，画家第一次捕捉到阳光。那是平常简朴的一个巷道，微风掀开枝叶的遮盖，斑驳的阳光倾泻而来，老墙多了一群看得见摸不着的精灵，比照出更多的宁静和悠然。这也是画家的一次转折，从此，阳光走进了他的水彩画面。

《大理的阳光》亮得耀眼炫目，有力度地牵动观者的视线。《农家菜地》，晨光拉长了篱笆墙的影子。《延村夕照》，落日留住了余晖下的村舍。《春漫南湖》，天光点燃了山林和小草绿色的火焰。《逛皇陵》更为出奇，阳光的碎金，同时闪烁在地面、墙面和人物的身上，仿佛一曲光的合奏。

《废墟上的阳光》是全开张的大幅鸿篇。幽暗苍凉的底色中，依稀可辨的是被文明的强盗毁灭了的圆明园残景，历史的伤痛和迷茫，沉重得透不过气来。好在幽暗中的阳光，大大强化了光的正义的力量，让人沉思而醒悟。作品以其主题和艺术分量入选第十届全国美展。

阳光是个魔术大师，分分秒秒都移动变幻，追赶不上，固定不住。加上光临之处千差万别的吸收与反射，很不易于摹写定格，更不利于水彩的表现。水成先生以其耐性和敏感发现了其中的奥妙和规律，从此，再不必机械地苦等光的恩赐，改变了"望天收"式的被动。心中的太阳、纸上的光影，随心所欲。光不仅仅是画面的点缀，也是他的布局和结构，是流动着的造型的线条和色彩。光已升华为智慧、想象和热情。

一个钟爱阳光的人，心中和视界自然充满阳光。循着光的指向，水成先生的彩笔延展到校园、家乡、远方。这就是与阳光系列同时展出的田园系列、高原卡纸系列、油菜花系列。有了光，才有了色彩，有了形状，有了万物。

油菜花是南方水彩画家贯常的对象。但在水成先生的笔下，大片的油菜花演化成大面积色块，抽象为一个符号。没有具象的花茎、花叶、花蕊，但熟悉农作物的湖湘人民，谁不说那就是他们的油菜花。

家园是菜园、老街、湖洲，是水田中的村落，是渡口的孤舟，是黄昏中归巢的倦鸟。画家不动声色的冷静中，蕴藉着多少绵长的故土深情。

卡纸上的高原、大漠、雄浑壮阔，展示了作品宏大叙事的张力，让水彩拉开了小情小景的距离。而肌理的真实细腻，巧得让人起疑，似乎是用真正的沙粒堆砌而成。

头一回概览先生创作的全貌，数十件跨度20多年的代表作。老实说，一开始的粗略浏览，扑面而来的是陌生感。难以抓住感觉，难于找准定位，既非似曾相识的风格，也无大同小异的重复。进一步品味我才体会到，这就是先生创作的个性和价值：题材对象的多样性、水彩语言的丰富性，多种手法对应多变内容，恰到好处的审美效果，展现了水彩艺术新的可能。

这就是先生的艺术生活：行走在乡村和城市之间，专注在教学与创作之间，转换在素描与水彩之间，实验在油彩和水色之间，徘徊在写实与抽象之间，收放在宏阔与细微之间，承传在前贤与后学之间。

画展是水成先生从教40年的纪念。教师节次日，画展开幕的第二天，展厅大厅中依然观众川流，水成先生和他的研究生还在现场切磋。作品前，我独自徘徊，聆听到色彩间阳光的声响。

（2010年9月26日）

贴近大众的建筑书

——近观当代建筑文化图书出版

论点摘要

建筑文化类图书出版已经成为一大文化热点，不仅拓展了新的出版领域，满足了大众新的文化消费需求，也促使建筑界做更多超出专业和技术之上的理性思考、外向眼光和文化选择。本文以此为背景，研究近十年来建筑文化类图书的发展历程、重要出版单位、主要作者和销售的情况，重点分析了建筑文化图书选题的特色，提出改进的建议。本文所涉及内容是建筑界未曾关注而又有必要了解的，对出版社自觉拓展与深化选题领域也有参考作用。

从20世纪90年代中后期起始，我国建筑文化的图书出版发生了新的变化。在这一传统的建筑技术、标准与教材出版依然强劲的同时，建筑文化图书出版领域出现了由冷门到热门、由专家到大众、由专业到普及的兴旺，数量和质量都呈现出空前盛况。引进这波热流的是建筑文化图书的异军突起，是编辑出版、图书市场和阅读趋向之间的互动。通过建筑文化图书发挥积累与传播的职能，大众对建筑物、建筑业、建筑师的理解得到增强，建筑文化问题由业内扩散至社会，并产生更大影响。同时，建筑行业自身也从中得到更多文化的观念、信息和启示。探究建筑文化图书的出版历程和内在规律，对建筑业和出版业双方具有同样积极的意义。

建筑文化出版的概念

建筑文化是一个新概念，一些专家学者分别有不同界定的描述。

顾孟潮先生认为建筑文化的课题包括三方面的内容，"一是建筑这一文化系统与人类文化大系统的关系问题；其二，是研究建筑与技术、经济、思想意识等文化子系统之间的相互关系问题；其三，是研究建筑作为文化的子系统自身发生、发展及其演变的规律。"（湖北教育出版社《建筑与文化论集》，第88页）。陈凯峰先生认为："建筑文化学是一门建筑学和文化学的交叉学科，它的成立必须具备两个前提条件，即有独立的研究对象和内容且具有普遍的现实社会意义。"（陈凯峰著《建筑文化学》，同济大学出版社1996年6月版，第1页）。吴良镛先生在《中国建筑文化的研究与创造》一文中，指出"从文化角度研究建筑，或从建筑论文化问题，应视为近十年来中国建筑研究工作的一大进展"，并对建筑文化在当今的重要意义和研究的方向作了"迫切需要加强中国建筑文化遗产的研究并向全国学人及全社会广为介绍，这是时代的任务"的论断。近年来对建筑文化有了越来越深入的研讨，但并未形成统一、权威的概念。

因为建筑文化概念不确定，出版领域目前也没有建立清晰和对应的概念、明确的表述。从出版角度来考察，各出版社都没有明确这个单独的选题类别，中国建筑工业出版社可供书目分为15个大类，即建筑学与建筑设计；住宅、公寓、民居；室内设计装饰装修；建筑美术、平面设计、雕塑、摄影；园林、景观、绿化；建筑结构；建筑施工；工程预算、经营管理；建筑质量与监控；城市、市政、水、气、道桥；建筑设备、暖通空调、电气、防火、节能、智能技术；建筑材料；辞典、专业外语；期刊、电子出版物；其他。2002年，该社集中推出"八大板块"图书，分别是新标准规范系列；建筑结构系列；园林设计系列；引进版系列；市政工程系列；新教材系列；建筑施工系列；城市规划系列。在其他若干个小类和专题中，均没有使用"建筑文化"的关键词。

从图书发行和图书编目角度来考察，同样没有设立"建筑文化"这个单独的类别。北京图书大厦在建筑科学的图书陈列中，分设建筑理论、建筑设计、建筑原理、建筑概预算、园林景观、外版建筑等专柜，没有"建筑文化"专柜。建筑文化的图书散见各部分。在自然科学理论、文学艺术等区域，还有不少建筑文化的图书。中国建筑书店、当当网上书店（dangdang.com)，均没有建筑文化的类别。《中国图书在版编目快报》（新闻出版总署信息中心举办），按传统图书分类在本世纪内"工业技术（T）"大类下的"建筑科学（TU）"，也无单独的建筑文化系列。

郭希增先生开始注意到分类的变化，在分析建筑图书市场时有一个新的归纳，即建筑艺术类图书，建筑技术、规范、考试类图书，建筑教材三大类。

建筑文化成为另类

事实上，建筑文化的图书出版已经成为一个专门的领域，其数量与质量在建筑图书中的比重、社会影响和效益都已经形成气候，吸引了许多边缘的读者。它一开始就与纯技术的建筑出版成为并行的两条路线：一条是面对工程技术人员以技术为线索的专业读物，包括设计、营造、标准、材料、监理等内容；一条是面向大众的以人文为线索的文化读物，包括对建筑的使用、接受、理解、欣赏、对话和批判。古建筑文化、西洋建筑文化、商业建筑文化、建筑与雕塑、建筑美学、建筑哲学的出版物都有了相当多的品种，使建工类专业出版社在读者中纯技术的固定印象发生变化，拥有广大的读者和较大的销售市场。无视这种现象，特别是不尽快建立"建筑文化"的出版概念，将影响这一出版板块的发育完善、成长和成熟，更不利于培育市场，引导读者的阅读取向，扩大建筑文化的影响。

建筑文化、建筑与文化的提法都有一定的理由。但为了避免概念的交叉与混淆，建议启用一个新概念："建筑文化"。即重视人在建筑中的主体意识，突显人的尊严和价值，照顾人的安全、需要与审美情趣，与纯粹的建筑技术、规范、标准拉开明确的距离。建筑文化出版有广义和狭义的区分。就广义而言，整个建筑都属于人类的文化活动。狭义而言，特指撇开建筑技术和标准的专业领域，集中研究建筑文化现象，向普通大众普及建筑文化意识的出版传播活动。其理由有二，一是对既往学科的重新审视和分类；二是正视学科边缘化之后产生的实际影响。比如食——食文化，企业——企业文化，医学——医学人文，就是可以借鉴的。从内容上看，包括建筑艺术、建筑文学、建筑摄影、建筑批评、建筑历史。

根据这样的界定，我们试图描述建筑文化图书出版明显的特征：不以业内人士为单一甚至唯一的目标，出版了一大批非专业的建筑图书，雅俗共赏，内外咸宜；选题注重文化的含量，比较专业的选题也注意兼顾业外人士的阅读需求；作者大多有较强的文化背景，专业技术人员较少。

建筑文化图书出版的动力和格局

建筑文化图书迅速并持续增长，与当代中国面临的经济与社会背景特别是建筑业的变化有关。首先是前所未有的大规模城市建设，全国开工率相当于整个欧洲的综合，所有的城市都是建设工地，所有的市民都不能置身事外。与此同时，住房制度的巨大变革使所有的居民一夜之间由按月付租住房的使用者变成持有房产证的所有者，以主人的身份打量各式各样的房屋，谋划装饰装修和环境美化，少数人更打算选择别墅。在这双重革命性的变动中，涌现出许多不能回避的矛盾和问题：城市新建和旧城保护的矛盾，开发商以锐不可当的气势把许多具有文物和文化价值的老建筑无情地拆除损毁，触动了人们心底的痛；外来建筑与民族建筑的矛盾，外国建筑的强力渗透，大的如"巨蛋""鸟巢"，小的如遍布全国的"白宫""埃菲尔铁塔""欧陆风情"，把传统的民族的建筑挤兑到被人看不见的遗忘的角落；建筑师中传统与新锐的矛盾；建筑审美品位中高雅和庸俗的矛盾。一个接一个的冲击考验着行政官员、社会大众、专业人员和房地产商，考验着人们的审美水准和文化良心。更多的人需要得到关于建筑种种问题和知识的解答，需要借助外力来构建自身的建筑文化价值标准。

在当代建筑文化图书出版的宏观背景下，一方面建筑师、建筑教育、文化学者的探索、思考、困惑与争辩，经过一定时间的沉淀后，必然行诸文字，以出版的形式再现。由湖南大学发起的"建筑与文化学术研讨"已经举办5届，不仅澄清了许多问题，还直接推动了建筑文化的出版。一方面出版业以其敏感的触角和前瞻的眼光，发现这一有文化价值，又可能有较大市场价值的新垦地，主动肩负起普及建筑文化知识的责任，积极介入，策划选题，引进版权，推出新品。

在以往出版管理严格分工的条件下，有能力特别是有资质出版建筑图书、建筑文化图书的出版社凤毛麟角，带"建"字号的图书，概由少数建筑专业出版社包打包唱，并形成了"一超多强"的格局（"一超"指中国建筑工业出版社，约占全国建筑图书市场的半壁江山；"多强"指中国计划出版社、辽宁科学技术出版社、天津大学出版社、东南大学出版社等单位）。但由于"文化"因素的渗透，使得出版专业分工边界逐渐模糊，不少文化艺术出版社也加入到这一合奏中来，如果细分选题，在建筑文化类图书出版中，出现了群雄逐鹿的景象。三联书店、天津社会科学出版社、天津百花文艺出版社、知识产权出版社、机械工业出版社、上海科技出版社、同济大学出版社和江苏美术出版社等出版单位开始成为主力队伍。高校社利用自己本校建筑系的学科优势，地方科技社在引进上抢占先机，美术出版发行社理所当然地把建筑纳入视觉艺术的范围，文艺出版社致力于开掘拓展建筑文化的内涵与外延。2003年5月，"全国建筑图书出版联合体"在昆明成立，实现了优势互补和资源共享，有利于提高出版质量，避免选题撞车，避免恶性竞争。

建筑文化类图书的作者实力最强的属从事建筑教育的教师。清华大学有一个作者群，吴良镛、陈志华、楼庆西、李秋香等教授分别有大批作品问世。特别是陈志华先生，既有系统的讲稿《外国古建筑二十讲》，又有专门的田野调查《楠溪江中游的古村落》，有译著《走向新建筑》，还有建筑文化随笔《北窗札记》。上海同济大学的陈从周教授，是享誉海外的古建筑专家，他的《说园》《梓室余墨》，以专业为依托，又超出了专业范围，被收入多种散文丛书。旅德作家、摄影家王小慧是同济大学建筑学专业硕士，近年在东方与西方，建筑与文化之间往返，出版了多种有影响的建筑文化图书。

一批青年建筑师、规划师在营造实体建筑的同时，也把自己的建筑理想用出版的方式加以传播。去年由成都贝森文化发展有限公司策划出品，中国建筑工业出版社出版的《贝森文库——建筑界》丛书，是由五位当代中国建筑界最具活力的中青年建筑师——北京大学建筑学研究中心主任张永和、中国建筑设计研究院总建筑师崔恺、中国美术学院建筑研究中心王澍、成都市家琨建筑设计事务所主持建筑师刘家琨、深圳中深建筑设计事务所董事建筑师汤桦编写的，可以视为最新的建筑文化出版成果。五位建筑师展示了他们超越建筑之外的文字功底和文化理念。在这里，建筑已不仅仅止于某种具体的"盖房子"的过程，更是建筑师漫长的艺术领悟路径与心灵体验历程的直接折射。

一群房地产商人也不甘寂寞，涉足建筑文化出版领域。潘石屹领风气之先，以《茶满了》《批判现代城》给现代城的名声和销售火上加油。任志强的《任人评说》，卢铿的《博弈广厦》，郭钧的《芝麻开门》，接二连三，都以他们特殊的身份、另类的角度，借用文化的外衣与符号，套用娴熟的商业运作方式，在达到商业目的的同时，客观上起到了普及建筑文化的作用，从而获得市场与读者的青睐。

一些作家、教授以非专业的身份介入并引人注目。他们以对建筑的通俗理解和艺术表达得到读者的认可。北京作家刘心武，他的《我眼中的环境与建筑》，是一部当代中国建筑文学开山之作。最近他又出版了《刘心武侃北京》，通过作家的眼光和文学的手笔，对北京建筑的非专业解读，极大地拉近了建筑与普通读者的距离。他以深厚的文化功底和深情的北京情结，把北京的四合院、钟鼓楼、隆福寺等作为背景写进小说，恰到好处地反映了古城北京的风貌神韵。

1996—1997年，天津作家冯骥才同当地的文化人士一道，展开了针对旧城、租界和估衣老街的三次大规模"津门文化遗存抢救活动"，为记录这次文化保护行动出版了一系列图书：大型历史文化图集《天津老房子》（包括《旧城遗韵》《小洋楼风情》《三十年代大天津》《东西南北》），同时还出版了三部专著：《抢救老街》《手下留情——现代都市文化的忧患》《冯骥才画天津》。在对津门建筑文化遗产的热情救护中，凸现出一位知名作家的文化良知和专业水准。辽宁作家刘元举，有过关于建筑师的报告文学力作《中国建筑师》，散文《表述空间》。上海学者赵鑫珊接连推出《建筑是首哲理诗》《建筑，不可抗拒的艺术》，从哲学和人类学的角度解读建筑，引起热烈的反响。四川作家翟永明的《纸上建筑》用一个绝妙的题目恰到好处地表达了非专业作家纸上谈兵的兴趣与热情、距离和无奈。

在图书市场，建筑文化图书开始成为热销品种是出乎意料的。编者是盲目的，读者也有些盲从，无意间推动了市场的繁荣。有意思的是，在中国建筑行政和科研机构集中的北京甘家口地区，被敏锐的图书发行人感知，陆续聚集了十余家建筑书店，利用建筑图书读者集中的条件，形成了一定的专业规模经营优势。该地区的销售品种总和超过1万种，占全部专业图书品种的70%以上。占龙头地位的是分属于北京市新华书店的北京建筑书店、中国建筑工业出版社的中国建筑书店。北京建筑书店组织的"全国建筑图书展销"活动，从1987年开始，汇集30多家出版社的精品图书，至今已举办十届。网上营销开始进入销售领域。1995年，新闻出版总署批准成立的中国建筑工业出版社建筑图书连锁店，在全国拥有40多个代理站和600多家连锁店。建筑文化类图书频频现身于各类畅销书排行榜，《中国建筑史》《中国古建筑二十讲》《外国古建筑二十讲》《北京四合院》等都有不俗的销售业绩。光顾各类建筑书店的，不仅是以前熟悉的建筑师、规划师、文化学者、新闻记者、作家、艺术家、房地产商、行政管理官员、建筑院系的师生也成了这里的常客。

建筑文化图书的选题特色

建筑文化图书几乎是白手起家，所以带有与生俱来的建设意识，致力于开掘建筑文化的丰富宝藏，具有很强的原创价值；同时具有强烈的开放性意识，没有画地为牢，给自己限定一个狭小的框框。它涉及了较为宽广的领域，如中外建筑史、著名建筑人物、建筑审美包括建筑批评和鉴赏、地域建筑文化。其中梁思成与林徽因的人物传记与学术专著在建筑业内和业外同时引起阅读热情，以他们的爱情故事和成就出版的作品达数十种。尤其是版权贸易和合作，引进大量世界级的经典作品，促进了建筑业和出版业的交流，改变了品种与结构。

引进外版的建筑文化图书是第一个潮流。它是伴随技术、标准图书而来的，但很快显示了其独特价值。当代建筑的圭臬依然是西方建筑理论。从古典到现代，极大地丰富了品种，开阔了专家的理论视野。开放的姿态取决于实际的需要和开明的政策。大量介绍西方建筑艺术的发展和现状，大量引进原版建筑文化图书，构成建筑文化出版开放性的主要特征。通俗的建筑史、建筑理论和建筑史经典作品被大量引进，如《建筑十书》《走向新建筑》《世界建筑口袋书》。

乡土建筑成为最早的一个原创文化板块，尤其是三联书店的《乡土中国》系列，从建筑文化的角度切入人们熟知或者陌生的地方，让人跨入一重清新优美的新天地。河北教育出版社的《中国古村落》系列其视角更加微观，选择了默默无闻而很有价值的7个聚落：石桥村、张壁村、新叶村、诸葛村、西文新村、流坑村和库村，意在反映中国乡土建筑大致的风貌。这套书成为首批进入图书版权贸易的作品，版权输出到多个国家和地区。

与此同时，面对城市建设与改造，建筑市场的勃兴，关注城市的建筑文化图书出现新繁荣。商业运作与建筑文化的结合也碰撞出一些亮点。有对老城、老楼、老院的怀念；有对肆意损毁老建筑的抵制；有对新建筑的批判和对房地产商过度开发的反思与质疑。被关注最多的是有文化内涵与个性品格的地方：北京、上海、天津、西安、成都、青岛、深圳。那里有丰富的出版资源和合适的作者。

建筑文化的批判以它的现实力量和批判的锋芒引起社会的关注。最初是天津的抢救老街运动，几乎波及全国。一种是作家、艺术家以其社会良知关注城市建设与改造中的不当甚至破坏行为，唤醒社会的觉悟。一种是房地产商的"文化搭台，经济唱戏"。四川成都的上河城是建筑师陈家刚的杰作，北京的现代城则是房地产商潘石屹的成果，两家联手上演了一场当下房地产炒作的"双城记"，这是以批判的姿态表演的"文化秀"，值得注意的是他们充分利用了出版媒介。我们不否认这种出版运作有较高的品位与信息量，但这些出版物的直接效果是促进了楼盘的知名度与销售量。两种批判当然有它自身的价值，特别是对一贯平静和程式化的建筑理念的反叛。潘石屹的影响有一部分就出自建筑文化图书，而主要的扩散途径就是借重出版来推销他的概念，《茶满了》只是一本薄薄的小册子，但其知名度不亚于一幢新楼。尽管明眼人可以看出其中商业炒作与广告包装的成分，但其批判的方式尤其是自我批判的精神还是给读者耳目一新的感觉。但是这种批判始终是比较艰难的，文化艺术出版社推出的一套城市批判丛书，得到了业内外的一致好评，而他们把书寄赠给有关城市的市长和城市规划建设部门，但没有得到任何积极的回应，销售情况也不理想。

与建筑相关领域的图书，如城市规划、城市雕塑、园林风景，建筑环境和风水的图书也以文化的姿态与读者见面，面向大众的建筑装饰、装修也成为建筑文化的大宗，有技术方面的，更多的是推销一种生活的艺术，而许多城市居民的建筑兴趣就是从这里起步的。

建筑文化图书的主题总的表现出一种提高的姿态：引进新的观念，建立价值判断标准，建立批判的精神，致力于经典的引进、历史的追寻、建筑美学和哲学系统的建立、实现理论武装的目的。

注重大众的审美情趣和阅读水准是自始至终的旨趣。许多书一开始就不是为专业人士设计的，而是瞄准了大众市场，即便无法避免专业性，也尽量照顾通俗性，突破以往建筑图书"业内"与技术的范畴，重点阐释建筑所展现的文化内涵与文化韵味。文字表述深入浅出，版式设计图文并重，并强调用图表说明问题，有的主要是画册。图书定价采取低价策略，大多数定价在20~30元。建筑文化图书特别注意用形象说话，图文并茂，通俗易懂。建筑摄影家和画家为人所接受和信赖。《乡土中国》系列的摄影师李玉成，用大量的图片破除了文字版块的沉闷，更给普通读者以直观的展示和形象的说明。"图本"不妨碍"文本"的深刻和抒情；相反，文本可以给图本以最贴切、最入骨的诠释。图文并重，互动呼应，让读者在时间与空间中同步，既有阅读与欣赏，又有追思与想象。三联书店策划出版的《中国古建筑二十讲》《外国古建筑二十讲》就是一个成功范例，颇有学术价值和欣赏价值，发行量超过万册，被中国图书学会评为年度畅销书，港台及多家亚洲出版社十分关注，并以很有竞争力的价格争相购买版权。

可以关注的问题

在建筑文化出版良性发展的趋势中，还应该注意和解决一些问题：

作者问题。一流的作者才能真正写出受到读者和市场欢迎的作品，梁思成、林徽因著作的热销，陈志华、楼庆西等专家的参与都说明了问题，但许多学贯中西、精通文理的建筑大师和专家不动笔，忙于设计和创作，不屑于费力不讨好的著作。一些年轻学者更多地表现出对引进西方建筑文化的热情，新锐与前锋的思路与表达让大众读者在接受上感到距离。而行业外的作者缺乏专业背景和训练，准备不足，多属隔靴搔痒，难以切中要害。

出版问题。主要是编辑力量问题，即使是相对专业的建筑出版社，在建筑文化选题方面的编辑人才也有力不从心之感，偶尔涉足的其他出版社则更显得捉襟见肘。图书出版缺乏系统性、整体性，在贴近读者方面还可下更大的工夫，如中央电视台热播电视专题片《一个人与一座城市》，反响热烈，就应该策划媒体互动，尽快出版有关的图书文本。建筑文化类图书贸易的逆差巨大。

销售问题。建筑文化图书的销售并没有特殊的渠道，一般随同建筑图书流通。建筑书店是少数率先在全国实现连锁的发行渠道，其购买力也让人羡慕。但是这类书店最重视的还是标准、考试和设计方面的画册，因为销量大而稳定，码洋高，零售店并不重视建筑文化读物，该类图书少量地混杂在专业图书之中。而许多文化爱好者并不知道要到建筑类中去寻找自己需要的图书，这种陈列上的误差，也影响了建筑文化图书的销售。

一些建筑师在阅读上表现出一种急功近利和强烈的目的性，对那些能够立即直接产生作用、为我所用的图书，如标准类、设计类图书往往不惜工本，而对间接的、有助于积累后劲与提高品位的建筑文化读物则兴趣不大。而在普通读者眼中，建筑学依然是玄妙与高深的学问，有时甚至充当理科与工科两大学科的代表，是图纸上精密计算的高深莫测和施工现场的错综复杂，想当然地以为建筑类图书是针对专业人员的技术标准和理论参考，不敢问津。

结论

建筑文化图书出版与发行的兴旺，从一个侧面反映了一个时代和民族的文化觉醒与进步，它的意义是多元和长效的：第一，大量出版物成为专业与大众之间的"踏板"，缩小了以往建筑师与普通百姓之间漠不相关和遥不可及的距离。随着改革开放和全面建设小康社会的步伐，更多的人将与建筑发生亲密接触，不仅需要技术和信息服务，更可能由此而触及和上升到文化的思考。贴近读者，满足群众增长中的特殊文化需要趋势将与日俱增。第二，在中国经济高速发展和城市大规模建设的时期，中国建筑师因综合素质孱弱而显得有些力不从心，过多重视技术向度而忽略精神文化向度，使得大量建筑出现错乱和"贫血"，建筑文化图书是一剂对症而可口的良药，可能转化为精神文化营养，提升整个建筑业的人文素质和人文关怀。第三，对建筑文化的出版者而言是十分难得的机遇，既要满足市场需求，又要引导市场需求，更要创造社会对出版物的需求，抓住机遇，扩大战果，可能为大众出版开拓新的领域和空间，找到新的增产点。我们期待着通过建筑文化出版的进一步发展，逐步完成启蒙和普及的任务，提高整个民族的建筑意识，形成尊重建筑师以及创造性的建筑劳动成果的良好舆论氛围，建立对平庸低劣的建筑作品的批判和抵制的机制。通过良性的互动关系，营造更加人性的空间、更加美好的中华建筑未来。

（2003年5月）

确立更高远的目标
——给一名建筑系大学生的信

××：

　　收到你的信很高兴，这么多年来，这是我收到你的第一封信。更高兴的是，信里表达了许多比较成熟的看法。比如你对建筑专业的热爱，对目前学习生活的充实感，对综合性文化素养的重视，尤其是你在信的结尾表达的"有目标就有动力"的信心。另外，你对关中文化的兴趣，写信的认真程度和恰当的文采，以及随信附寄的两张临摹图，读来都很有兴味。

　　说实在的，我对你独自远行西北求学是不放心的。因为你的主观条件与客观环境的要求是有差距的。现在，我真是有些放心了。

　　正如你说，进入建筑系学习不容易。首先是凭你自己努力赢得的。珍惜它就会热爱它，就会有更大的学习激情与精力投入。当然，成功的学习不能停留在拼消耗上。"一分耕耘一分收获"诚然不错，但如果方法得当，"播下一粒籽，收获千万颗"是完全可能的。那就要求用心，用心去理解、去感受、去顿悟，一点一滴地积累追求。

　　目前建筑学是热门专业，毕业后找个饭碗谋生大概不成问题。但如果不甘心只做一名建筑匠，而有志朝大师标高攀登，就不能满足于这种状况了。你如果留心中外建筑大师的传记，会发现他们异于那些平庸的同行的有两点。第一，超一流的专业水准，在专业上达到了很高的高度，既能动脑，又能动手，多有自己独特的旁人难以企及的绝活。就以手上功夫而言罢，他们观察与描绘事物的能力很强，准确、传神、迅速，从线描到水彩都是好手。第二，良好的文化素养。在专业之外，他们对其他艺术门类都有广泛的兴趣与较高的鉴赏水平，比如绘画、雕塑等，尤其是音乐，因为他们认同建筑是凝固的音乐。设计流水别墅的建筑大师赖特不仅自己是个音乐迷，还要求他的学生至少学会一种乐器。此外，对文学、史学、哲学以至物理学、气候学、心理学、材料学、符号学甚至古董收藏，都要有一种海纳百川的胸襟，绝不能排斥它，或者漠然视之、毫无兴趣。

如何快速有效地提高自己呢？与学校的课程跟进是毋庸置疑的。但如果大家都不相上下，也很难脱颖而出。

我提三条建议给你参考。一是阅读，专心致志地精读几本好书。有了电视和网络，不阅读就可知晓天下一切。但是，不阅读则不可能形成艺术观点，不可能产生分析、比较、综合问题的思想方法，不可能对自己的艺术道路作出正确的选择。作为建筑系学生，至少应该在课外读一读《建筑十书》（维特鲁威）、《走向新建筑》（柯布西耶）、《中国建筑史》（梁思成）、《中国古建筑二十讲》（楼庆西）、《外国古建筑二十讲》（陈志华）等名著。结合专业课与实践课读，肯定能触发灵感、开阔视野，不知不觉中提高自己的品位与水准。

二是观察。观察力是建筑师重要的职业能力，要练出一双有"毒"——精确、敏锐、全方位——的眼睛，在对人物、事物，尤其是建筑物的观察中，看准它的尺度与比例，看出它与其他建筑物不同的特点，看透它在历史与地理的纵横坐标上的方位。观察能力是一种后天能力，完全可以通过训练来养成与获得。

三是表达。一个建筑师的任务就是表达，最终是用建筑作品向历史和社会表达他的观点与情趣。反推下来，倒数第二的程序，是用图纸与文案向专家和甲方表达，以争取他们的同意和中标。建筑师的表达，首先是用图纸，但也要用文字，用口头语言。看了你的信，感觉你的文字表达能力是不错的。口头表达也要注意。可以通过大声朗读一些文章来获得语感和习惯。当然，君子敏于行而讷于言，巧言令色、夸夸其谈是绝对不可取的。

最后，我要提醒你注意锻炼，锻炼对于身体和精神都是有大益的，对一个今后负有相当体力要求的建筑专业学生来说，尤其要引起重视，如果能课余报名参加培训，学一门竞技项目，如乒乓球、网球等，更是锻炼与学习一举两得，又为自己营造出新的生活空间乃至交往手段了。千万不要沉溺于电脑，我坚决反对毫无意义的网上聊天。

古话讲"人生如白驹过隙"，在宇宙间、在历史的长河中，生命短得有如一瞬，过去一天就少一天，不可能重来，不可能重复，抓住当今，抓住现在，从某种意义上也就把握了未来。

祝你进步。

（2005年）

后 记

　　2002年的冬天，我在北京某部挂职，客居京西。一天，忽然收到了著名建筑文化学者杨永生先生的来信。此前，我就杨先生的新著《中国四代建筑师》写了一篇简短的读后感。杨先生在信中说我的意见与某些专家的意见颇为相似，因而推测我是学建筑的，为什么又供职在出版部门？对这意外的评价，实在是有点惶恐，又还有一丝得意，恰如学生见到了老师带有鼓励的评语。

　　我于建筑是个实实在在的门外汉，35岁前没有意识或者思考过建筑与我的关系，无缘对面不相逢。被领进建筑文化之门，纯属偶然。6年前，因公参与一个建筑项目的装修与考察，我被广州美术学院附属的集美建筑公司的几位建筑师撩动了潜藏的好奇，以后读楼、读建筑书、写一些读后感，几致越陷越深，不可收拾。

　　建筑是如此普通。每个人几乎每天不可能真正离开建筑一时半刻，在建筑的空间里、建筑之间的空间外、建筑的光影之中。我在长沙的居所面对烈士公园，开阔的水面之外是绿树，绿树背后是湖南电视台的发射塔。在北京，客居莲花池，远处最显眼的是中央电视塔，时刻提醒你处在资讯时代，同时也提醒你处在建筑时代。有一位纽约艺术家的行为艺术，一年之中不进任何建筑，可是还是逃脱不了建筑的场和影子。

　　建筑学是如此高深而玄妙，设计、土建、结构、材料、给排水、暖通，科学严谨，必须丝丝入扣、分毫不差，在数学、力学、光学、材料学的组合中，来不得半点马虎；建筑学又是如此艺术，山墙、重檐、柱式等名词，通透、光影、对比等动词，与雕塑息息相关，与环境的美与协调密不可分。这些年听了一些专业课，读了不少专业书，有意与建筑界的专业人士接近，却仍然在壮美的建筑大厦的柱廊间徘徊，登堂入室还是遥远的梦想。

我始终固执地认定，建筑物是最强大的艺术作品，就拿它与美术作品比较吧，它的幅面、展出的时间、使用的颜料、影响观众的广度和深度都不可同日而语。

遗憾的是中国建筑木结构的传统习惯，导致许多精美绝伦的经典作品毁于一旦；遗憾的是中国重文而轻工的传统，导致社会对建筑的普遍漠视和建筑文化普遍缺失。建筑的优与劣，无关紧要。因此出现大量古旧建筑的拆毁，大量不堪入目的仿古不成仿洋不类的建筑垃圾，对建筑师的不尊重等等。

我也曾经浪漫地设想，一个时代，一个城市甚至一个单位，应该为社会贡献建筑的美，最好成绩是功用与审美的完美结合，甚至哪怕就是为审美而独立诞生和存世。其他艺术样式不都有许多并不讲求实际功用的先例吗？为什么不允许建筑艺术破例一次呢？

这里收集的主要是我阅读建筑的感受和心得，也有几篇关于建筑图书的读书笔记和介绍水彩艺术家的文章，因为水彩和建筑艺术的关系是如此密不可分。

当今时代建筑物的生成繁衍已经超出了雨后春笋的速度和密度，人们开始关注它的同时难免有许多意见，有时候我们埋怨甲方的独断和武断，有时我们指责建筑师的盲从、媚俗和唯利是图，而不能坚持职业操守和艺术理想。但我们很少看到对自身的反省，假如社会大众的建筑审美意识不断提高，假如有人敢于挺身而出维护历史、景观与环境，我们期待的大地上诗意地安居将为时不远了。这是一项需要积以时日的工程，我乐意为之尽一砖一瓦的薄力。

2002年12月8日谨识于京西莲花池

2010年8月15日改定于长沙蓉园